藍學堂

學習・奇趣・輕鬆讀

ビジュアル資料作成ハンドブック

IBM 首席顧問

最受歡迎的 圖表簡報術

69招視覺化溝通技巧，
提案、企畫、簡報一次過關！ 修訂版

清水久三子 著　黃友玫 譯

簡報是一份送給觀眾與自己的禮物

林大班

聰明的溝通者都知道，視覺溝通的力量遠遠超過文字。但知易行難，還好本書分享了簡報中各類圖表的應用情境，以及圖表在這些情境中的應用方法。這些方法不僅具體可操作，也都符合實務中的情境。除此之外，本書還介紹了簡報開始前的準備工作，從設定目標、受眾分析、情節建構到提煉核心訊息，所有必要的環節在本書都提供了即學即用的作法。

我們一直在推廣「Presentation is Present」的簡報理念，意思說的是簡報就是送禮。本書將許多簡報概念化成可實踐的方法，利用這些方法，就能為觀眾帶來一場精彩的簡報（禮物）。相信這本書，將會成為你送給自己最好的禮物。

（本文作者為台灣首家專業簡報顧問公司寶渥的共同創辦人）

給職場人士的69則簡報備忘錄

孫治華

快速提點各種簡報的圖表適用性

《IBM首席顧問最受歡迎的圖表簡報術》是一本定位很有趣的書籍，內容並非著重於精美的簡報設計，而是要拓展你在商業簡報表達認知上的想法。當你知道一份營運計畫書應該要有什麼樣的圖表來強調不同資訊時，你在寫這份計畫書的第一時刻，就會有不一樣的節奏感與資料蒐集的完整度。

從圖表到資訊分析，再說明情境的設定

營運計畫書、提案書、調查報告可以使用什麼樣的圖表，來增強聽眾對提案的了解呢？從核心資訊的定調、利用金字塔原理、SUCCESs原則，這本書也提供了說明資訊、分析資訊的基本原則，甚至連說明情節的部分也有簡單易懂的說明。可以讓人重新反思自己的提案細節是否有適當的設計與說明的方式。

有好的內容後，再利用務實的小技巧設計你的簡報

關於簡報設計，有看不完的書，學不完的技巧，但是很少有書

可以從商業世界的角度幫大家過濾掉許多不必要的簡報設計技巧，很精準的整理出商業簡報需要在意的設計要點，像是要如何強調重點、如何設計商業圖表，甚至利用不同的圖解來說明一個故事，其中也提到了以往我在教簡報設計時常強調的「真實感」的設計。

這不會是一本簡報大全的書，而是像一個提醒你的備忘錄

其實從上面的內容中我們就可以發現，這本書所涵蓋的範圍非常廣，但也點出了這本書的定位：適合有一些商業經驗的職場人士，用來提醒自己簡報資訊的完整性、簡易簡報設計與故事情境的一本好書。

很多時候我們都拿著一兩年的工作經驗用十年，而不是真正的讓自己不斷的累積與精進。

這一本精實扼要的小書，我覺得很適合用來反思，自己的商業提案簡報是否有注意到這些關鍵的細節？該讓自己再精進、再嘗試的時刻是不是又到了？

（本文作者為簡報實驗室創辦人）

人在簡報江湖，笑讚川流不息

楊斯棓

　　臉書上凡出現「簡報」字樣的相關文章，往往分享者眾，足見近年簡報這個領域的諸多學問蔚為顯學。

　　有幸受外商公司青睞，於 2014 年開始針對醫師族群主持一連串的醫學簡報工作坊（為時 12 小時，必須包含上台演練），過程中我也二度赴美，跟隨 Nancy Duarte（美國前副總統高爾的簡報老師）的工作坊老師群進修。在那裡，我不斷思索簡報兩字的定義。

　　請問各位讀者朋友，簡報的英文應該是 slide，還是 present？

　　「誒，你那份簡報給我一下！」這句話哪裡有問題？

　　我想簡報力應該是指卓越的 present 能力，而 slide 製作得很簡潔大器，這個應該是偏設計力。即便如此，我們不該爭辯孰重要、孰不重要，海納百川，如果簡報能力是海，包括數字轉換圖表能力（如何擇圖、製圖）、說故事能力（如何喚醒人心、呼籲行動）、色彩搭配能力（懂得選用特殊紅色，連辣椒醬都賣得更好）、選擇字型能力等，都是不可或缺的重要支流。

　　翻讀本書，可以極有效率的檢視自己，是不是已把眼前資料選

用最佳圖表呈現。永遠要思考，手上這些數字、內容，在單張投影片上，有沒有更好的演繹方式？

而更要思考，簡報者的角色永遠比投影片重要。簡報能力強者，擱置投影片，一張白報紙，也能簡報；一面白板，也能簡報；甚至一張口，兩片唇，上下翻動，也能簡報。

簡報之道無他，見天地、見自己、見眾生而已矣。

（本文作者為醫師、方寸管顧首席顧問）

商業往來的資料種類繁多，除了需要發揮創意的企畫或提案，也包括提出事實說明的報告、公告等文書資料。不論是想表達一個嶄新的點子，抑或是經調查檢驗後提出一份報告，就知識生產方面來說，相信大家都很清楚，任何「資料」都必須列出清楚好懂的結果（output）。而資料製作的技巧之所以重要，主要有兩個原因。

其一是現代商業人士處於「資訊爆炸」時代。根據 2014 年「資訊通信白皮書」指出，2005 年至 2013 年的 8 年間，日本企業的資料流通量約增加了 8.7 倍。至於要如何將龐大數據資料化繁為簡，彙整成強而有力的訊息，並確實傳達給目標對象知道呢？相較過去，著實困難許多。

其二是與你往來的對象同樣身處在資訊洪流當中，每天都有許多「非做不可」的事情。針對日理萬機的職場人士，要如何讓自己提出的方案取得優先地位，跟以前相比，同樣更加困難了。想提高優先順序，你的資料必須訴求清楚且具說服力，讓觀者一看就懂，進而採納施行。因此，從圖表或圖片的製作方式到配色，每個環節都講求技巧。

不懂正確資料製作技巧的人，做出的任何文件報告，都無法讓人一目瞭然，也無法正確傳達訊息，徒然浪費了好內容，結果導致

觀者不為所動、工作毫無進展不說，連帶也降低了自己的價值。

　　隨著資料製作技術漸趨重要，要求水準也越來越高，然而絕大多數人都沒有機會接受這類技術的系統化教育與訓練。

　　本書依主題分門別類，首先介紹各種商業文書的圖例範本，接著說明如何設定目的與架構，進而延伸至文字樣式、文章構成、表格、圖表、圖解的製作方法及視覺效果，每個概念以左右跨頁的篇幅介紹，精簡歸納出實用 know-how，請各位讀者務必將本書放在辦公桌上或包包中，以便隨時查詢使用。

　　針對不太會製作資料的讀者，筆者建議從第一章開始閱讀，先了解資料不可或缺的要素之後，再於第二章學習如何設定目的與擬好架構，然後再閱讀第三章以後的內容比較妥當。

　　至於資料製作熟手，當你煩惱要用哪種方式時，可以依個人需要翻閱表格、圖表、圖解等各章內容，尋找可能的靈感。資料的製作並沒有正確答案，參考本書提供的各種範本，實際靈活運用看看，一定能做出更為淺顯易懂的資料。

　　各位若能透過本書激盪出絕佳創意，將是筆者之幸。

清水久三子
2016 年 1 月

CONTENTS
目　錄

CHAPTER 01

各種簡報的製作技巧

CHAPTER 04

表格的製作技巧

CHAPTER 05

圖表的製作技巧

CHAPTER 06 圖解溝通的技巧

CHAPTER

07 以視覺效果強化內容

IBM 首席顧問
最受歡迎的
圖表簡報術

ビジュアル資料作成ハンドブック

各種簡報的
製作技巧

本章關鍵重點 CHECK-UP!

- 營運計畫書 3 大要素：Why、What、How
- 提案必須跨越的 4 大門檻：
  不相信、不急、不想花、不安
- 簡報必備的邏輯思考 SOP：問題→結果

01 營運計畫書①Why
如何用 Why、What、How 表現事業藍圖

營運計畫書（business plan）有 3 大要素：「Why＝為何需要？」「What＝主要工作與產出為何？」「How＝怎麼實現？」

　　想創業、開發新商品的**營運計畫書，必須具備 3 項要素：** Why、What、How。

　　先闡明 Why，也就是緣起背景及意義；接著是 What，即事業內容概要、商業模式、預估收益等；最後以 How 歸納實際執行的方法步驟。

　　其中最容易被忽略的就是 Why。倘若你自己沒有認清「為何要這樣做」，即使洋灑表列，也無法與 What 產生連結，只能做出不及格的企畫案。建議各位可從 3C，即市場（customer）、競合（competitor）、自家公司（company）等 3 個角度歸納。

　　首先是「市場分析」，提出與市場和顧客規模、結構、變化有關的資訊。二是「競爭對手分析」，可透過雷達圖等圖表，比較自身在哪些方面握有優勢。若能明確掌握競爭對手和自家公司的差異，定位自會更加明確。

　　「自家公司分析」即透過價值鏈（value chain）分析來找出企業的核心價值，釐清握有哪些強項與資源，以及需補強的弱點。

　　最後以 SWOT 分析綜合歸納 3C。雖然擬定營運策略時，有常見基礎架構（framework）可套用，但請不要只是輸入資訊或數據，應提出「所以應該怎麼做」的結論或假設。

▌1. 背景・參與意義（Why?）

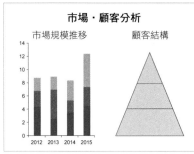

1-1 市場・顧客分析

以「直條圖」表現市場規模的推移，顧客結構則以「金字塔階層組織圖」呈現。

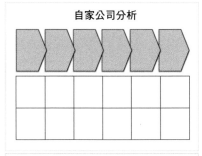

1-2 競爭對手分析

以「雷達圖」呈現競爭對手與自家公司的能力。

自家公司分析

1-3 自家公司分析

以「順序」呈現自家公司產生價值的連鎖（價值鏈）。藉此發現可利用的強項與資源，或是應補強的弱項。

SWOT 分析

	機會	威脅
強項		
弱項		

1-4 SWOT 分析

針對機會與威脅，以「表格」表達如何利用強項、克服弱項。

02 營運計畫書②What
What 代表事業概念的可視化

What 揭示事業內容。因此，事業概念與商業模式務必力求吸引人。獲利也是事業的魅力之一，應思考最佳的呈現方式。

　　請在 What 部分具體說明事業概要。首先，透過「事業概念」反映事業的整體形象，整理並說明公司提供的服務或商品，以「集合關係」來表現各因素間的關係，也可使用「循環關係」呈現概念。為了方便記憶，可用簡短好記的項目名或索引。事業概念必須具有獨特性（originality），令人印象深刻。

　　接下來，以圖示表現商業模式中的相關參與者（player）、物品的流動（物流），和金錢的流動（金流）。參與者包括自家公司和供應商、流通通路、顧客、合作夥伴等，必須清楚反映各個參與者、商品、服務、金錢往來之間的關係。

　　最後是「損益模擬分析」，用圖表說明投資額、預計何時能回收、會有多少獲利等。損益平衡點和收支表並沒有太多變化，理解基本概念，就能配合所屬事業，做出符合自身需求的圖表。

　　在 What 方面，除了務求抓住目光以外，也必須連結 Why（事業的背景・意義），詳實傳達「創新」、「價值」等競爭優勢。

▌2. 事業概念（What?）

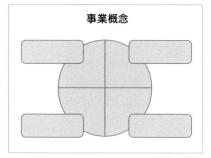

2-1　事業概念

以文氏圖的「集合概念」表現出事業的 4 大領域。

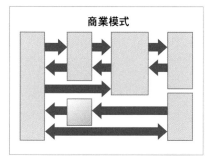

2-2　商業模式

用「流程圖」說明參與者與物流、金流之間的關係。

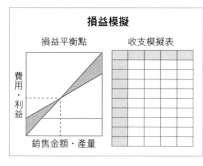

2-3　損益模擬

以「表格」列出收入與支出，損益平衡點則以「線形圖」或「堆疊區域圖」呈現。

03 營運計畫書③How
How 就是將實現的可能性變成視覺化圖表

How 必須清楚說明「實現的手段與方法」，成功機率高低也是能否通過的決定性因素，思慮越周詳越好，有助於引起共鳴，打動人心。

　　營運計畫書的最後一個部分是 How，**具體點出事業致勝策略**，擬定並開始發展計畫、組織體制、日程等有關的進程。策略、進程越具體越好，可讓人覺得實現機率很大。

　　首先，仔細思考評估各種策略之後，做出最好的選擇。針對3C，即市場與競爭對手的動向、根據自家公司資源，全盤考量可行性等選擇。這時可加入略微極端的選項，不但可印證思慮是否縝密，也能凸顯最終選擇方案的正當性。除了 3C，評估項目也包括與現有事業的相容性（business compatibility）、風險等。

　　接下來透過發展計畫呈現事業的發展和成長，例如要如何開始、最終希望達到何種服務水準或市場開發程度。可以的話，加入時間軸會更清楚。

　　最後的進程，是指呈現出「誰」、「何時」、「做什麼」的組織圖與日程。從組織圖可明白任務分配與投入人力。日程可透過「甘特圖」（Gantt chart）呈現計畫的整體規模，以及執行每個任務的時程。即使無法列出所有細部時間，只要先提出預計日程表，不僅代表此企畫經審慎思考且實現的可能性高，也能適度製造緊張感，讓人覺得「要趕快決定才行」。

▌3. 市場參與計畫（How?）

策略選項評估

評估項目	市場性	自家公司的強項	競爭對手的優勢	相容性	風險	合計
加權碼	4	3	1	2	1	
A計畫	10	2	7	1	6	61
B計畫	8	2	4	3	5	53
C計畫	8	4	6	5	5	65
D計畫	4	6	2	3	2	44
E計畫	4	8	0	2	2	46

3-1 策略選項評估
決定好策略評估的選項，透過「比較表」評估並決定採取的策略。

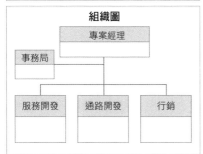

3-2 發展計畫
以朝右上上升的「發展圖」來表達事業會如何發展。

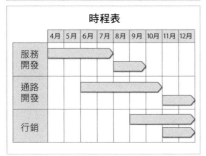

3-3 組織圖
以「結構圖」呈現實際執行的組織架構，以及分屬角色與責任。

04 向客戶提案①不相信・不急
期盼提案一次成功，必須跨越「4不」關卡

一個成功的提案，必須超越客戶必經的 4 大心理階段──「不信任、不急、不想花、不安」。因此要針對顧客在各階段的「為什麼」，提出明確的答案。

第一是客戶不清楚提案內容的「不信任」階段，即客戶還不了解你所提案的主題。因此，我們做提案時必須以目標客戶能接受與認可的程度為出發點。認知度低時，即使立刻補充說明，對方仍會覺得事不關己不願買單。因此，你必須讓對方認同「為什麼現在必須這麼做」，並充分理解那是「自己的事」。這都可以**透過企畫的緣起背景，來展現提案內容的全貌與精神，藉此提高必要性。**

第二階段是「雖然知道有必要，但現在有其他事要做，所以沒空」的「不急」階段。商業人士公務繁忙、日理萬機，想讓他們願意暫時擱置他案，就應該**說服他們為何必須優先接受你的提案。**想在艱困大環境中凸顯自身（自家公司）的重要性，提高優先順位，如果拿不出因應對策就會被競爭對手超越。因此，除了說明欲達到的成果與彰顯優勢，點出情況最糟時必須面對何種風險，也不失為一種好方法。

客戶已有問題意識或購買意願時，此階段就無須著墨太多，請傾力備戰該如何說服「不想花」和「不安」的客戶。

▌1. ○○的介紹

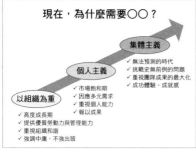

1-1 現在，為什麼需要○○？

呈現和對方息息相關的理由。以「展開圖」呈現整體狀況與變化。

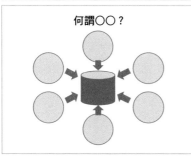

1-2 何謂○○？

以「集合圖」呈現服務的整體概念。

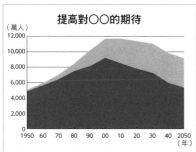

1-3 提高對○○的期待

以「區域圖」呈現市場期待或變化。

1-4 不做○○的風險

現在不做的話，會導致什麼下場，以負面循環的「循環圖」呈現。

05 向客戶提案②不想花
讓客戶了解投資金額的必要性

讓對方意識到問題或產生購買意願之後，就來到了「不想花」階段。此階段要說明商品或服務的詳細內容及估算成本，讓對方充分了解與接受。

經過「不信任」、「不急」兩階段後，緊接著就是與成本環環相扣的「不想花」階段：「我了解這東西有必要也很急，但還是覺得太貴」、「就算不多請人也能做吧？」尤其面對高單價商品與服務時，這階段可說是最困難的一關。

右頁的投影片範例是引進某系統的提案書。2-1 點出了設定好的「目的‧目標」，即具體可以做到的事。由於服務是眼睛看不到的東西，如何具體呈現出目標的樣貌，一定要先達成共識。

接下來進入屬於細節部分的進行方式或組織圖（2-2 與 2-3）。清楚傳達出專業程度有多高，讓客戶明白：「這應該交給專家來做。」即使客戶看過後的結論是：「我們應該可以自己來，但太花時間就算了。」也代表你說服成功。

最後是估價（2-4）。提出多種方案（option），以便比較檢討。如同「松竹梅」套餐一樣，3 個提案較為剛好，有利於客戶做出決定。當客戶認為 A 提案太貴，就能提出更貴的 B、C 方案，誘使對方選擇相對便宜的原提案。

提案內容並非服務，而是具體商品時，應詳細說明商品規格、使用方式、便利性、特徵、效果之後，最後再點出價格。

2. 系統導入專案

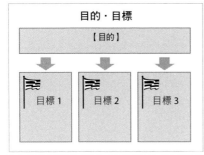

2-1 目的・目標

以「因果」方式來呈現目的，也就是以什麼為目標。

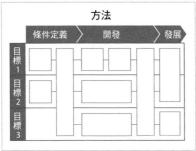

2-2 方法

以「順序」呈現導入的方法。

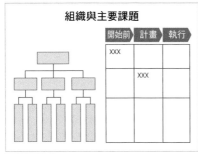

2-3 組織與責任

以「結構」、「表格」來呈現責任分擔。

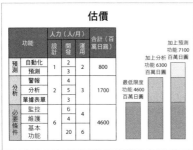

2-4 估價

以「堆疊直條圖」和「表格」呈現選項和估價。

06 向客戶提案③不安
凸顯自家優勢與實際成果，消除客戶的不安

在客戶確定有出資必要性也意願的情況下，就進入提案的最後階段——在眾多商品與服務之中如何脫穎而出？面對客戶質疑「選這個真的對嗎？」——如何有效地消除他們的「不安」。

提案報告的尾聲，是消除「不安」的階段——面對客戶詢問「購買這個商品或服務是否正確？」、「交給某公司會不會比較好？」你就必須**強而有力地展現品牌與商品、服務的可信度**。

首先即是凸顯自家品牌的可信度。如果兩家公司提案的內容、金額都相同，可信度較高的一方就握有勝算。盡量提出實際績效數據，佐以專家、媒體等客觀資料背書，便可消弭客戶的不安。

其中「導入實際成果」格外引人矚目。客戶同業也採用的情報將會對你非常有利，但須注意有保密的義務，請小心斟酌要怎麼告知。

你也可以引用媒體報導或顧客心得，讓人有真實感，如報章雜誌的圖文報導、真人實證等，多提供這類具體的資訊。

為了讓人覺得「選這個選對了」，競爭對手或競品的「比較」也很有效。雷達圖適合用來比較及呈現優點，請務必試試。

提案書一不小心就會淪為商品服務的詳細說明書。因此在「4不」階段當中，找出客戶現在處於哪一個「不」，對症下藥才能投其所好，成功讓客戶買單。

▍3. 選擇敝公司的理由

3-1 公司概要

以「圓餅圖」、「直條圖」說明公司沿革,以及事業的內容、發展與變遷。

3-2 實績

以公司 logo、媒體報導圖片來呈現實際成果,用「圓餅圖」表現滿意度。

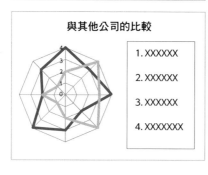

3-3 與其他公司的比較

以「雷達圖」比較各種服務的特色與優劣。

07 調查報告①概要・業界調查
驗證假設，提出結果

調查報告是採取下一步行動之前的「輸入」（input），不要只是單純將數值化為圖表，而要針對你想驗證的假設，判讀與分析數據，歸納出最理想的決策。

　　調查報告在一開始要先陳述調查目的及調查所驗證的事項，再提出調查方法和對象。舉例來說，驗證事項包括「這個市場今後也會成長嗎？」「進入市場的阻礙是什麼？」「競爭對手沒有、唯有自家公司才有的強項為何？」「無法因應顧客需求的原因為何？」等。這些驗證事項與調查設計本身有關，報告上必須針對每個問題提出解答。

　　調查一開始就要載明目標對象的範圍。在業界、競爭對手、顧客當中，有時很難明確劃分界線，因此可藉由定位圖（positioning map）讓調查範圍一目瞭然。

　　分析結果多以圖表呈現，但並非做完圖表就沒事了，還要判讀與分析數據，並提出結論。「如下圖所示」這樣的說法並非驗證，而是要進一步深入檢視，提出見解或「應該這樣做」的主張。

　　進行業界、市場或顧客研究時，有許多知名的分析模型可以套用，如 PEST、GCS、行銷 4P、AIDMA 等。順應調查想驗證的假設，利用這些實用工具進行全面的檢視與檢討，得出的結論就不會偏頗某一方。活用這些分析模型時，千萬不能只是整理蒐集數據資料，而是要提出見解與主張。

1. 調查概要和業界總體環境

1-1 調查概要

調查目的、要驗證的假設、方法、順序等,以「因果」呈現。

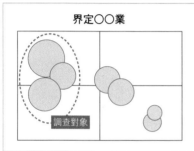

1-2 界定調查對象

利用「泡泡圖」清楚劃分出調查對象的領域與範圍。

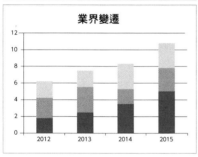

1-3 業界變遷

以「直條圖」呈現業界的規模和變遷。

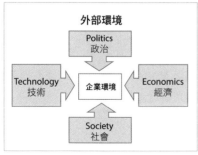

1-4 外部環境

以「因果」表現 PEST 分析模型,呈現出總體大環境的趨勢。

08 調查報告②競爭力調查
對比特定競爭對手，找出自家優勢

競爭力調查必須呈現自家公司與特定對手公司的比較，立基於何種觀點相當重要，因為所謂的高低優劣是相對的，而非絕對。

　　現代商業環境日漸複雜，創新（innovation）一方面開創新局，一方面也破壞並改變整體產業結構，因此很難弄清楚競爭對手是誰。有時必須超脫於整個產業與參與者之上，俯瞰傳達價值給顧客的整個過程，才能鎖定競爭對手。傳達價值的過程即為價值鏈。以製造業為例，從產品開發開始，乃至生產、行銷等都屬之。在此流程中，透過安排各環節的供應商，可以確認競爭對手是誰。

　　經由競爭調查的分析觀點，了解何謂「水平與垂直」及「由大到小」。**所謂「水平與垂直」，水平是指現在的情勢，垂直則是時間上的變化**。請參考右頁的「經營指標比較圖」。

　　「由大到小」是指從大方向開始分析，再逐漸推移到細部組織能力。在投影片範例中，是由「財務觀點」（大）開始分析，乃至事業結構比例、組織能力（小）的詳細比較。如果一開始就提出細節差異，觀者很難判斷只是單純的不同，還是與競爭優勢有關。

　　競爭調查的關鍵在於找出彼此的相同與差異之處。差異不單單代表不同，也會連結到競爭優勢，影響最後的成果。右頁圖表能讓人對競爭優勢印象深刻。

▌2. 競爭力調查

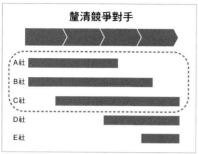

2-1 釐清競爭對手

透過價值鍊和定位圖,確定競爭對手是誰。

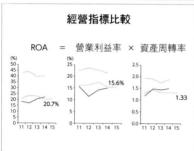

2-2 經營指標比較

以「折線圖」呈現經營指標目前的狀況與變遷。

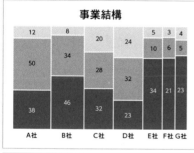

2-3 事業結構

以「區域圖」呈現競爭對手事業的內容概況。

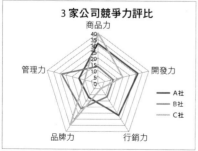

2-4 能力比較

以「雷達圖」量化強項或特色。

09 調查報告③顧客調查
顧客真正期待的是什麼，對什麼有反應

在顧客調查中，你要驗證自家商品或服務的價值，並確認顧客是否接受。無論結果是符合預期或出乎意料，都要清楚呈現。

　　在顧客問卷調查中，用「圓餅圖」來呈現調查結果的例子時常可見，但這都是因為事前沒有擬訂好假設，更何況圓餅圖根本難以詮釋複雜現象與箇中關聯。**到底有沒有符合在商品服務開發階段所設想的顧客需求假設？環境變化是否導致顧客需求不同？**顧客調查的目的應該是要找出上述問題的答案。

　　首先要從界定顧客的背景著手。個人的話，必須有年齡層、性別、職業等分類；若是法人顧客，則要呈現業種（商品種類）、業態（經營型態）、企業規模等如何分布。

　　接著是檢驗需求和滿意度。排行榜上必須列出排名的變動、對於前後排名的見解等。請注意，單單列出「排名如下」，而未陳述見解或主張的話，就不是好報告。

　　想呈現顧客反應和動向時，可用「散布圖」呈現各個項目的因果關係。在右頁 3-3 中，是以期待值和滿意度來表現。如果想看動向，也可設定為「氣溫與購買數量」這類動向變數，便可掌握顧客嗜好和行動特徵。

　　最後是透過「階層組織圖」或「矩陣圖」，將顧客群加以區隔（segmentation），歸納出符合不同客群的對應措施。

▌3. 顧客調查

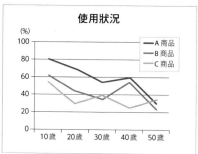

3-1 使用狀況
以「折線圖」呈現不同年齡層的使用狀況。

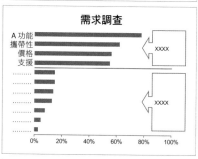

3-2 需求調查
以「橫條圖」呈現需求項目的高低順序。

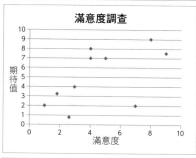

3-3 滿意度調查
以「散布圖」呈現期待值和滿意度。

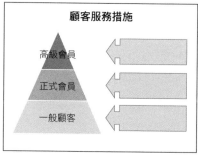

3-4 顧客服務措施
以「階層圖」來表現不同客層,並明確指出相對應的服務措施。

10 公司內部改善提案
明白指出問題與課題的因果關係

針對業務或組織問題提出改善措施時，應先指出理想狀況為何，取得共識後，再找出真正的問題。分析問題原因和解決方案時應符合邏輯脈絡，而非信口開河。

　　希望改善方案可以一次過關的話，解釋分析原因和解決方法的因果關係時，必須條理分明、邏輯清晰，讓相關人士都能一看就懂。若只是列舉出像是問題的現象，提出頭痛醫頭、腳痛醫腳的解決方法，問題惡化不說，旁人對你的反感肯定超乎你的想像。

　　首先在討論問題之前，必須先對「理想狀態」取得共識。如果相關人士對理想狀態沒有共識，就無法釐清應該解決的問題是什麼。**以理想狀態為藍圖，點出應朝哪個方向努力，即可釐清目前的問題所在。**

　　沒錯，接著就要釐清導致問題的原因。從「為什麼會變成這樣」開始，把問題拆分成較小單位，畫出「Why 邏輯樹狀圖」（logic tree）即可。若想得出解決方法，則從「要達到○○應該怎麼做」為起點，逐步發展「How 邏輯樹狀圖」。

　　最後繪製報償矩陣（payoff matrix），以橫軸為措施效果、縱軸為實現難易度，列出所有方案的優先順序。

　　需要改善的狀況與方案百百種，有時是問題錯綜複雜，有時是相關人士的認知有落差。請從理想狀態開始確認，有邏輯地整理、分析並化為圖表，便可有效提升參與者解決問題的意願。

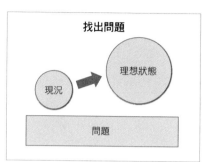

1 找出問題

以「發展圖」呈現現況和理想樣貌，釐清真正要解決的問題。

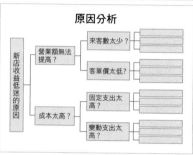

2 原因分析

以「Why 邏輯樹狀圖」探究原因，以「因果圖」表現問題和原因。

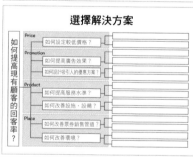

3 選擇解決方案

以「How 邏輯樹狀圖」（因果圖）提出解決問題的方法。

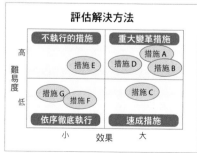

4 評估解決方法

以「報償矩陣」（位置圖）排列 3 所提出的解決方案，表現出優先順序。

11 活動報告
以一目瞭然的方式，傳達事情的狀態

活動報告不能像記流水帳一樣，只是單純記錄做了哪些行動，而是要留意過程是否順利，並歸納出最後達致何種成果。

　　活動報告的種類繁多，從專案、事業等大規模活動到出差、進修、視察等個人活動都涵蓋在內。不論何種狀況，內容都應切忌形同流水帳。請注意，**看報告的人在乎的是「活動有沒有順利進行？」**

　　尤其是大規模活動，**可透過 QCD（Quality、Cost、Delivery）或專案管理架構來呈現活動包含的元素**。比方說，在品質、成本、日程、風險、團隊、範疇、利害關係者等項目，設定宛如紅綠燈的 3 階段標準。

　　日程完全沒有延遲是「綠燈」，延遲 3 天內尚可補救是「黃燈」，延遲一周以上而需要追加人力才得以補救的情形則為「紅燈」。設有標準值的報告不僅客觀，也有助於看清整體狀況。除了紅綠燈之外，亦可用晴天、陰天、雨天等氣象符號，或是箭頭方向等具有視覺傳達效果的圖示。關鍵在於設定一定的標準，並取得共識，才不會產生因人而異的判斷。

　　依循上述方式的活動報告，既能綜覽整體狀況，也符合個別狀況，最後再歸納今後活動的行動計畫（action plan），確實追蹤即可。

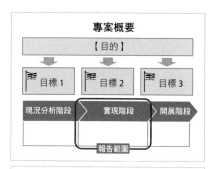

1 專案概要

以「因果」關係「依序」呈現專案的目的‧目標（goal）以及全貌。

整體進行狀況

管理項目	狀況	因應	負責人
品質		已提早因應	
成本			
日程		重新評估緩衝時間	
風險			
團隊		討論成員輪替	7/3 山田
範疇		討論追加要求	
利害關係者			

緊急：必須立即修正方向
警告：應當改善狀況
順利：不需要修正方向

2 整體進行狀況

以「表格」內的顏色，在視覺上呈現活動主要項目分別面臨的狀況。

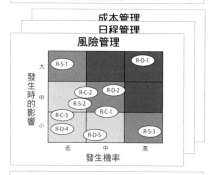

3 個別狀況

一併說明活動的要素與狀況，以「位置」表明風險。

行動計畫

管理編號	To-Do	負責人	日期
Q-1	規格定案會議	大野	7/3
Q-2	重新評估格式	飯田	7/1
S-1	重新評估子任務的整合狀況	青山	7/7
S-4			
R-1			
SP-1			
SH-2			

4 行動計畫

為了解決個別狀況產生的問題，用「表格」彙整每個行動、項目負責人、日期等。

12 說明會資料
傳達計畫的真實性，使對方付諸行動

用來宣布某項措施的實施計畫，內容必須一目瞭然，確實傳達出真實性，以及真正讓對方「動」起來的明確順序。

　　宣布全新措施或計畫的說明會資料不能只針對相關人士，應要讓大多數實施對象都能**理解內容並付諸行動**。為了吸引沒興趣的人，應注意有無達到視覺衝擊（impact）的效果，比方說，措施名稱應捨棄「全國懇談會」這類死板表述，**加入好記的元素**，改成類似「社長全國行腳 100 日之旅」的說法。

　　至於整體結構，為了讓人不感唐突，應透過背景說明，或是使用圖表等數據資訊，來消弭「為何需要此措施」的疑問，並提出計畫概要。

　　措施要素應使用關鍵字或數據，標語要好記，並用圖解表現各種關聯。要思考「集合」、「循環」、「階層」等關係圖中，何者最為合適。

　　製作實施計畫時，應採用能傳達真實性的表現方式，先不考慮表格或條列方式。如果是全國性的計畫，可用地圖形式表現，便能令人印象深刻。

　　最後則是參加順序，製作者應站在他人立場，表現出每個時期該做的事。如果順序或條件較為複雜，也可附上「常見問題與回答」（FAQ），大幅減少重複回答問題的時間和心力。

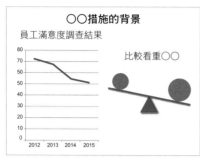

1 背景

以「圖表」或「比喻」說明背景。

2 計畫概要

以「比喻」表現規畫的目標和結構。

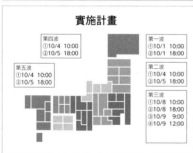

3 實施計畫

以地圖等表現「實際形式」。

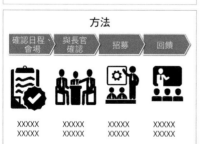

4 參加順序

以「順序」表現參加的方式。

COFFEE BREAK

如何避免簡報被打槍

現在立場暫時交換，假想你的角色是客戶或上司，即可以向資料製作者下指令的人，一起來探討如何透過審閱（review），提高文書資料的品質。

審閱人通常是製作者的上級主管，透過 review 來確認資料有無問題。這道程序若是草草帶過，到了資料製作的最終階段才發現方向不對，往往得面臨「一開始就錯了！」「全部重做！」的悲慘下場，全部砍掉重練。

為了避免資料遭到全盤否定，雙方一起 review 每道程序的效果最佳，可分為方針、草稿、最終審閱 3 大階段。首先是方針檢視，確認方針和呈現方式（output image）正確無誤。如果你已學會本書第 1 章的技巧，就能有效且大幅降低重做的機率。而在審閱草稿階段，當資料大致完成時，就能一一確認訊息是否化為合理的故事或結構，以及用字遣詞、投影片架構、每頁的內容是否連貫。到了最終審閱階段，目的、故事內容、架構都必須一致，善用視覺化技巧，確認最終資料。

等到上手了，就不一定要採取 3 階段審閱。檢視方針之後，直接跳到最終審閱也可以。無論如何，盡早在前端與上司取得共識，就能避免掉入無限重做的迴圈。

02

設定目標，
勾勒架構

本章關鍵重點 CHECK-UP!

- 了解目標讀者，擬定假設
- 提出系統化的論點與根據
- 用「SUCCESs」加深印象
- 學會如何鋪陳故事情節
- 製作「目錄」就像畫「地圖」
- 版面的製作和呈現方式

13 設定明確目標
想讓目標對象產生何種感受、保持何種心態

不要只是歸納資訊或想傳達的事情，而是要釐清最終希望對方採取何種行動，以及為達此目的，應讓對方產生何種感受。

　　為什麼要製作這份資料？透過資料想達成什麼目標？都是一開始該釐清的問題。商業文書資料的前提，是要誘導對象進行某種特定行動。「目標明確」意味著你必須清楚知道**想誘使對方採取什麼行動**。

　　比方說，製作報告時應考慮讀者是誰。如果是長官，而你期待他們看過報告後會「支持這項宣傳活動」、「對自己有高度評價」的話，無論是哪一種，一旦設定好目標，你希望對方了解的事、期待他們有什麼樣的心理反應，都會隨之不同。

　　接著來談談**為了達成你的目標，讓對方做出你所期盼的決定，應該讓他們了解哪些事**。若單單羅列一條條資訊，只會讓人覺得難懂而卻步。因此資訊的取捨拿捏極為重要。

　　設定目標的最後步驟是「**想讓對方採取行動，應激發何種情緒反應？**」意思是在對方看過資料、聽取報告後，你期待他會產生何種反應。假如是產品發表會，你或許會希望目標對象「很興奮並迫不及待想使用該商品」；若是向長官報告，可能會期待對方「全力支持你的提案」。總之，請先設定好你希望對方產生何種感受與擁有哪種心態。

設定目標的順序

① 希望對方採取什麼行動（目標）

- ・寫下希望對方看過資料後採取的「行動」
- ・請勿使用「同意」這類模糊字眼，而是要具體說明，如「批准預算」
- ・「希望對方理解」不能當成目標

② 要讓對方理解的重點為何

- ・寫出為達目標而務必讓對方理解的重點
- ・聚焦在必要之事，而非包山包海

③ 對方應產生什麼樣的感受

- ・思考對方看完資料準備做決定時，會是什麼樣的心理狀態
- ・確認已擬好的大綱能否引起這種感受

設定目標的參考範例

	例 1 提案企畫書	例 2 操作手冊
目標	希望認可企畫案的預算，分配必要人才	希望新系統可運用於業務上
理解	了解企畫案成功後會帶來什麼好處	知道可以即學即用的技巧或技術
心態	對企畫案有好感，採支持態度	心態轉變為「這些我自己也做得到」

14 了解受眾，精準行銷
了解目標對象，擬好假設

設定目標之後，要進行掌握對方理解程度和期待值的「了解受眾」（profiling）。依據人物形象和握有資訊，擬定好假設。

　　行銷上的「客戶特性分析」，即「了解受眾」，是從心理層面分析購買履歷，辨明行動特性，再訂定最能有效引發購買行動的行銷策略。這是將 FBI 心理搜查官推測模擬犯人樣貌時所使用的「犯罪側寫」（criminal profiling）應用於商業上。

　　製作資料時，**分析對方的「形象」和所擁有的「資訊」，弄清楚「期待」和「理解」的程度，再進一步建構「如何傳達、傳達什麼最有效果」的方法，也就是假設。**

　　首先是對方的「形象」，蒐集與對方職稱有關之事，或是其可能感興趣的資訊，再思考這些資料會讓人產生何種「期待」。這裡可先暫時放下自己想要表達的事，好好思考關於對方的大小事。

　　接著，掌握手中持有的「資訊」，推測對方的「理解程度」，並考量對方是否知道新概念或用語。上節提到設定目標時，要清楚想讓對方了解哪些事，在此還要思忖你期待對方能理解到什麼程度。

　　關於「假設」，必須著重在提出何種訴求最有效。關於人物等資訊，能向本人直接確認當然最好，若不行，可積極詢問周遭相關人士。獲得資訊的好壞優劣，關係著假設的準確度。

「了解受眾，精準行銷」的架構

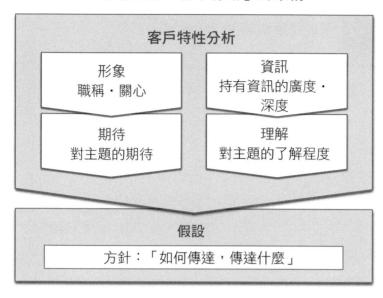

客戶特性分析

形象	資訊
職稱・關心	持有資訊的廣度・深度

期待	理解
對主題的期待	對主題的了解程度

假設

方針：「如何傳達，傳達什麼」

「了解受眾，精準行銷」參考範例

形象	資訊
雖然覺得有必要改善業務，但對新措施仍有疑問	大致掌握現況，但還沒看過其他公司的事例
期待	**理解**
想知道成功案例和效果，多一分把握；下定論或發表意見前必須多一點線索	了解必然性，但還無法想像具體運用時的情形
假設	
具體呈現成功和失敗案例，做出結論改變營業方向，訴求定性定量的效果，說服上級批准預估預算	

15 創造核心訊息
有系統地整理主張和根據

訊息不能只是「想說的話」，必須要有「主張」和「根據」，而且不能出現邏輯錯誤。

先思考訊息是什麼。將訊息因數分解後，會得到下列公式：

訊息 = 主張 × 根據

換個說法就是：**因為 A（根據），所以應該做 B（主張）。**

也就是說，如果沒有明確的主張和根據就逕自製作資料，讀者只會一頭霧水，無法做出決定。這種狀況稱為「邏輯錯誤」（logic error），即缺乏主張或根據（或兩者皆無），抑或是主張和根據之間沒有連結，因此不合邏輯。

為了防止邏輯錯誤，可利用「金字塔結構法」來思考。所謂金字塔結構法，是將主張和根據的連結，層層推演出來。金字塔頂端是主張，下層逐一排列支持主張的各項根據。金字塔越往下，根據和資訊就越具體；換言之，越往上，訊息就會漸趨抽象。金字塔最底層是無須證明也通用的資訊。如果訊息簡單，便可省去次要訊息（通常為第三層），建立簡明結構。如果是訊息量複雜且龐大的提案或簡報，階層會變多，變成巨大的金字塔。

利用金字塔結構法建構訊息，除了用於資料製作，也能運用在需要口頭談話、報告等各種商業溝通場合。請一定要試試看。

整理主張與根據的金字塔

● 「邏輯的金字塔結構」：1970 年代初期，麥肯錫企管顧問公司首位女性顧問芭芭拉・明托（Barbara Minto）有鑑於邏輯的重要性而研究出來的思考方式與技術

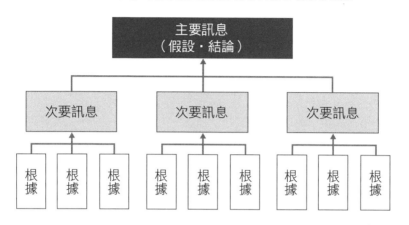

訊息金字塔圖例

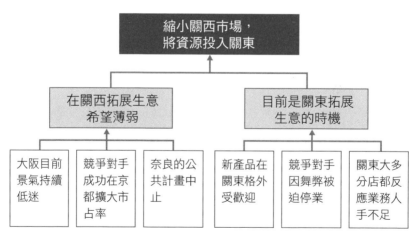

● 金字塔越往下越具體，越往上越抽象
● 金字塔最底層的訊息，無須事實證明也通用

16 加深訊息的印象
讓人記得住的訊息，具備「SUCCESs」特點

好的訊息，必須讓人印象深刻並留下記憶。以 6 大印象元素來檢視你想傳達的訊息本質。

　　就算用金字塔結構法整理了訊息，也不過是有邏輯、井然有序地將主張和根據排列出來罷了。類似**提案、企畫這類想讓人心動並行動的高難度資料，必須提高訊息給人的印象**。這時可參考奇普‧希思（Chip Heath）等人所著的《Made to Stick 創意粘力學》（大塊文化 2007 年出版）中提到的 6 大要點，書中研究並歸納出促使人行動的訊息結構。

　　第一是「簡單」，筆者常看到許多資料因不斷追加資訊而迷失本質，請記住，訊息的第一要件是越單純越好。第二是「意外」，只說理所當然之事，對方肯定不會記得。在此指的是「好的意外」，請思考出人意表、吸引注意的訊息表達方式。第三是「具體」，捨去曖昧籠統的內容，用數據、實物、圖像等具真實性的表現方式。第四是「可信」，提出專家權威背書、產品實際功能、客戶心得等可信度高的資訊。第五是「情緒」，我認為訊息若能引發喜怒哀樂等情緒，更能讓人採取行動。最後是「故事」，包括開發背後的小故事、創業者的想法。

　　這 6 大要點的英文名詞首字母合起來，便是「SUCCESs」。無須 6 點完全吻合，可考慮凸顯哪幾點，更易於傳達訊息的本質。

加深印象的 6 大要點 SUCCESs

① **簡單** **S**imple

② **意外** **U**nexpected

③ **具體** **C**oncrete

④ **可信** **C**redible

⑤ **情緒** **E**motional

⑥ **故事** **S**tory

加深印象的 6 大技巧

盡量簡單

・用「一句話」表達
・善用比喻來表達複雜的事情

製造意外

・呈現超出預期的事實
・敢於展現弱點

提出具體事項

・呈現實物（產品、製作者、
　效果、照片等）
・以好懂的方式說明數據（如
　A 相當於 6 個東京巨蛋）

展現可信度

・以專家權威的話背書
・呈現產品服務在最嚴苛環境
　下的實際表現與成績

訴諸感情

・想像實現理想狀態時的情景
　（刺激喜悅的情緒）
・讓對方實際感受現況有多糟
　（刺激負面情緒）

說故事

・產品服務背後的故事
・用故事呈現 Before 和 After

17 資料必備要件
是否包含目標對象想知道的事情

決定好訊息，開始思考架構之前，先確認是否包含對方想知道的事情，以及資料不可或缺的事項，即「要件」。

　　思考想表達的訊息和訴求方式，便進入了建構資料的階段。在這之前，**可從「必備資訊是否包含在內」的觀點出發。**

　　依資料類型的不同，所謂的要件，即指沒有寫進去、資料就不成立的項目。如是調查報告，就必須有調查目的、對象、範圍、調查方法、調查結果、啟發等。你或許覺得上述種種眾所皆知，但現實中卻有無數少了「啟發」的條列式圖表。

　　先確認資料中不可或缺的重點，也就是一定要有的要件。若要件不足，不管內容多豐富也只是浪費時間。

　　以故障報告為例，至少要有 3 項要件：「事實」、「原因」、「對策」。可由對方可能發問的「問題」開始思考。

〈問題〉　　　　　　　　　〈要件〉

「發生什麼事？」　　　　→ 事實

「為什麼變成這樣？」　　→ 原因

「今後要怎麼辦？」　　　→ 對策

　　像這樣依序思考對方可能的提問，就能避免發生答不出來的尷尬狀況。

各類文件的要件

◆ 活動報告

容易淪為流水帳
應列舉具體成果

要件	內容
目的	活動目標與具體目標
成果	朝目標進行而達成的結果
活動	實際的活動
總結	評價、改善要點、未來的課題
計畫	總結後今後的計畫

◆ 調查報告

獲得的啟發（有何體認、下一步行動）很重要

要件	內容
目的	本調查要驗證什麼假設
成果	調查方針、順序、對象、範圍、環境
活動	驗證假設的結果
總結	從調查結果得到的啟發和下一個行動的方向

◆ 解決方案提案

小心不要變成說明書

要件	內容
現況與目標狀態	關於現況與理想狀態的假設
待解決問題	為了彌補現況與理想狀態的落差，應解決的問題
實現願景	活用產品或服務的願景
效果	效果試算
進行方式	日程、體制、預算
可信度	實例、實績

◆ 營運計畫書

不可信口開河，應清楚呈現必要性和結構

要件	內容
背景	說明背景、加入的意義，以表示為何必要
事業概要	事業的目標、概念、對象
實現願景	參與者，以及物流、金流與資訊的流動
效果	效果試算
進行方式	日程、體制、預算

18 鋪陳情節的方式
站在對方角度，提出容易接受的結論

直接把訊息丟出去，別人是不會懂的。要如何表達才能說服他人接受自己提出的主張和結論？此時應思考如何鋪陳故事。

即使利用金字塔結構法導出訊息，若是沒有按照順序提出資訊，他人非但無法理解，甚至還會予以反駁，產生反感。因此，**請依對方的狀況來思考如何鋪陳情節**。以下為 4 種典型鋪陳方式，端看目標對象的特性、結論是否容易接受，選出最適合的方式。

1 累積型

一一確認對方所理解的事，再依序提出結論或主張。由於是累積「Yes」的鋪陳方式，適合批判型的對象。

2 分解型

先帶出結論或高潮部分，再說明細節的鋪陳方式。適合新產品或大型計畫的發表會，一開始先點出整體概念，再詳細說明功能、如何應用等。

3 選項型

提出多種選項，互相比較檢討，凸顯欲促成選項的正當性。盡量加入位於光譜兩端的選項，方便判斷哪一種最為合適。

4 意外型

大家都知道的事，很難引起興趣。請設法製造「疑問」，提出意料之外的事實，讓你的主張更有說服力。

4 種鋪陳方式

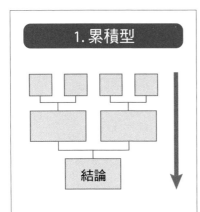

1. 累積型

結論

· 適合先提出結論，就會反駁或挑剔的對象
· 結論難以接受的情況

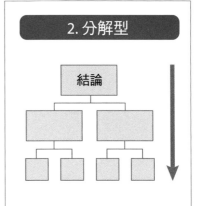

2. 分解型

結論

· 適合若不先得知結論，就會不安的對象
· 結論很吸引人的情況

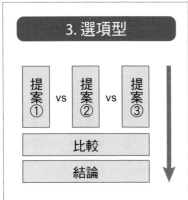

3. 選項型

提案① vs 提案② vs 提案③

比較

結論

· 適合難以下決定的對象
· 對方想推動某提案的情況

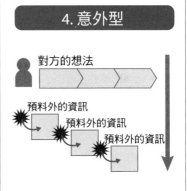

4. 意外型

對方的想法

預料外的資訊
預料外的資訊
預料外的資訊

· 適合興趣缺缺、漠不關心的對象
· 論述薄弱也想引人注目的情況

19 情節設定板
訊息和情節都一目瞭然的設計圖

情節設定板（storyboard）是根據訊息和情節鋪陳方針，劃分出章節與投影片的架構。安排「高潮」出現的位置，也就是你想傳達訊息的地方。

在情節設定板上，**由主要訊息和次要訊息構成的金字塔結構下面，即是劃分資料的章節。**章節一方面要配合情節展開，一方面也依需要放入引導部分（封面、目錄、前言等）、結語等，形成架構和目錄。

在大致完全的章節下面，寫下章名來表達情節。如果是投影片，可一頁一頁思考。

然後設定「高潮」，就是表達訊息和次要訊息的投影片；「高潮」稱為「關鍵圖表」（key chart）。如果訊息和情節沒有連動，就會被質問「你到底想說什麼？」「重點在哪裡？」因此，請考慮主要訊息、次要訊息應分別放在哪張投影片？好好決定「高潮」的位置。

若是沒有充分時間報告，只要說明這個高潮部分，就足以表達整體概念——請抱著這種心態仔細製作，以免資料品質過剩。

總之，不要一頭栽入電腦作業，先在紙上打草稿，好好設計。**雖然製作情節設定板看似多了一道手續，卻能有效為你節省後續的時間。**

情節設定板

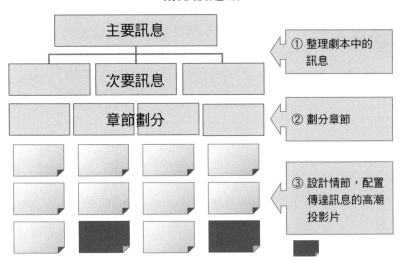

情節設定板範例

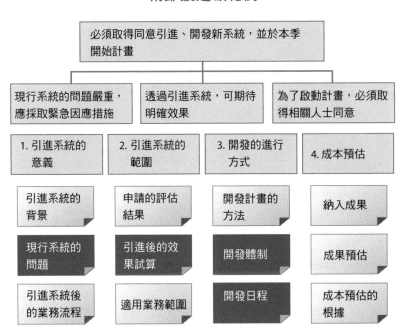

20 製作目錄・索引
架構宛如「地圖」，標示清楚即能溝通無礙

決定想說的故事情節後，請想像你正在對方面前畫一張地圖，目錄或索引就像地名，必須清楚標示，讓人一看就能大致掌握整份資料的「完整架構」。

　　雖然資料製作者很清楚每項資訊所在的位置，但對閱讀資料的人來說，想要快速掌握完整架構、各項資訊間的關聯，並不容易。**目錄，就像是一張導覽地圖，不但要確實呈現內容，也要提供讀者看得懂的投影片標題與索引。**

　　呈現完整架構或流程時，並非將仔細斟酌過的文字放上就好，而是要呈現「架構」，即**大分類、中分類、小分類，並附上索引**。

　　索引要有層次，才能像地圖上的地名一樣，容易辨識且一覽無遺。然而，太過簡單可能導致名詞堆砌，讀者難以推測內容。可加上形容詞，或將形容詞化成名詞，就能呈現資料的大方向。

　　若想做出吸引大家興趣的內容，可用「提問」的方式。透過問問題，讓人想要探知答案。但請注意，這一招若使用無度，就會淪為想騙點擊率、誇大其辭的「釣魚文」。至於副標、想特別吸住目光的內容章節等，也請適當且適度運用提問的方式。

如何改善目錄

索引不清，架構不明	分門別類，架構分明	配合類型，說明路線

說明事項
- 資訊（課題）
- 大綱
- 過程評估方法
- 過程評估結果及大方向
- 系統評估（資訊定義地圖的意義）
- 現況系統結構圖
- 系統改善方案
- 運用成功因素
- 運用未來改善後流程圖（To-Be Model）方案
- 今後走向

現況分析報告
進行以下現況分析：

A. 課題
B. 過程評估
　現況資訊定義地圖
　改善機會
C. 系統評估
　現況系統結構圖
　改善機會
D. 運用評估
　運用負荷分析
　改善機會
E. 解決方案

現況分析報告
根據課題從 3 個觀點進行評估，提出歸納後的解決方案。

A. 3 個問題
B. 評估與改善機會
1 過程
　現況資訊定義地圖
2 系統
　現況系統結構圖
3 運用
　運用負荷分析
C. 解決方案

CH 02 目標架構

改善索引

只有名詞	形容詞＋名詞	形容詞→名詞
1. 產品策略 2. 價格策略 3. 布局策略	1. 附加價值高的產品策略 2. 有競爭優勢的價格策略 3. 交通方便的布局策略	1. 高附加價值 2. 競爭優勢性 3. 顧客便利性

以提問方式設定索引

一般索引	提問型索引
1. 計畫概要 2. 市場參與策略 3. 阻礙要因分析	1. 何謂推動獨立經營的 3 大計畫？ 2. 參與市場的時間如何節省一半以上？ 3. 造成不便的 5 大因素為何？

061

21 版面設計
決定版面的製作方式和呈現方式

在開始製作資料之前，要先設定好每一頁要寫什麼、怎麼寫。除了可以統一版面調性，也能不失邏輯，掌握內容品質。

　　所謂版面設計，即是設定各頁的風格調性與文字書寫方式，這樣一來，不但可以讓設計統一，也能降低重做風險，減少無謂的工作負擔。若是多數人共同合作一份資料的話，尤其需要。

　　首先，①決定標題位置（message line），以及文字框（text box）、圖表、表格、插畫等主要部分要如何配置。接下來，②設定共通的字體、顏色；然後③設定存妥範本。

　　版面也包含配置，即如何配置每一個部分。**配置的 3 大重點是平衡、視線流動、留白。視線流動要由上往下、由左至右才符合人體工學**，設計版面時應遵守這個原則。**留白太少，觀者會倍感壓迫，請預留 30%左右的空白。**上述設計理論都是決定版面的必備要素。

　　如同右頁「不良設計」所揭示的「極不平衡」例子，大多是因為訊息、理論結構或資訊整理的水準參差不齊所致。不可想改什麼就改什麼，應以「平衡」為前提來調配資訊的比例。

版面配置範例

版面設計重點

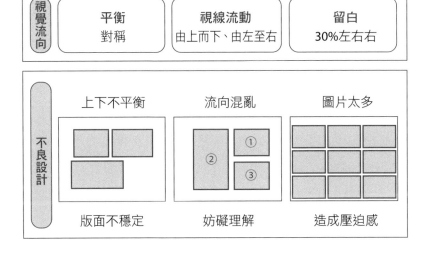

22 選擇表現方式
根據邏輯思維，選擇最適當的表現方式

端看資訊量多寡、屬性為事實或概念，先決定整體大方向後，再考量要走簡單或精細風格，抑或是以圖像為主進行訴求。

　　從圖解角度來看，一開始是先判斷用什麼方法呈現訊息和資訊。人一次可接收的資訊量是多少？所呈現的是事實資訊或概念？根據你想表達的內容，來決定適當的表現方式。假設主題是事業理念，以「圖表」呈現較為適當。如果能單純明快地表達理念，大膽使用簡短文字也不錯。可成為訊息根據、證據的分析結果或傾向等屬於事實資訊，一般多使用「表格、圖表」。

　　此外，主題相同時，依對象不同，可分成 3 種檢討方式：第一種是「簡單或精細」，如果是 IT 業的產品說明書，對象若是使用者，可用簡單圖解說明；對象若是工程師，採用精密模組比較適當。第二種是要訴求「右腦或左腦」。右腦是感性腦，擅長喜怒哀樂等情緒、類比思考，左腦則擅長語言、計算、邏輯等數位思考，因此要判斷你的對象偏愛哪一種表達方式。第三種是「單一個體或比較」，決定是要鎖定某一主題人事物的特色和個性，詳細說明，還是將之與其他事物進行比較。假設自家公司的優點為業界第一，就詳述公司特色；如是公司的定位，則透過與其他公司比較來呈現。

選擇哪種表達方式？

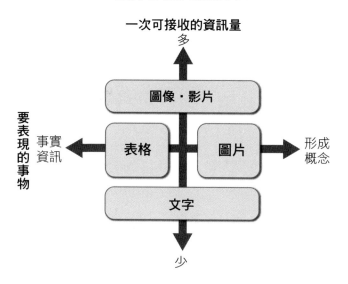

呈現何種風格？

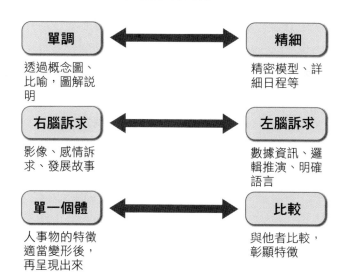

COFFEE BREAK

防止資訊外洩的祕訣

近年來，企業間透過電子郵件和雲端服務發送資料的情形相當普遍方便，但從資訊外洩的角度來說，還是小心為上。

PowerPoint 之類製作投影片的軟體，具有表面上看不出來的屬性資訊。舉例來說，檔案的屬性資訊中有資料製作者，也就是最早開始製作該檔案的人。如果同時複製、貼上並整合數份資料的話，在檢視模式中就會看見製作者增加，意外洩露了客戶名稱，導致客戶擔心自己的資料是否外流，而有失去信譽之虞。Excel 和 Word 同樣也有這種表面上看不到的資訊，例如頁面上下端的頁首、頁尾等。若是提供給公司外部人士的檔案，一定要確認檔案的屬性資訊、檢視模式、頁首頁尾的設定等。

此外，也要考量自家公司或個人資料有無遭人挪用。不論是 PowerPoint、Excel 或 Word，如果不轉檔就直接給了別人，很有可能遭到編輯更改。但又不能「不給檔案」，所以請視需要，分別存成不同的檔案格式，像是無法編輯的 PDF。最終版本的檔案可以設定密碼，只讓知情人士讀取編輯。以 Excel 來說，可以鎖定受保護工作表中的特定儲存格和範圍，防止他人編輯，如此就能防止資訊外洩。

文字→文章
的製作技巧

本章關鍵重點 CHECK-UP!

- 簡報、研究報告，分別該用何種字型？哪種字型閱讀起來最舒服？

- 「妝點和凸顯」文字，商業文書最佳的選擇：粗體和底線

- 數字、文字很多該怎麼辦？善用「因數分解」，設定好字級和表格樣式，就能迎刃而解

23 字型是王道
選擇容易閱讀、看得懂的字型

字型百百種，有的字型適用長篇文章，有的字型從遠處看也很清楚，適合上台報告、使用投影機的場合。請依照資料特性和目的，選擇最適合的字型。

　　首先來了解字型種類和依目的使用的基本原則。日文字型可大略分為「明體」和「黑體」（Gothic）。明體直豎橫劃的線條粗細不同，橫線右端或轉角的右肩有明顯的三角形突出（即字腳）。而黑體的直豎橫劃粗細大致上差不多，幾乎沒有字腳。英文字型也和日文一樣，可用筆畫末端有無裝飾，分成「襯線體」和「無襯線體」。請記得，**簡報投影片要用視覺辨認度高的「黑體、無襯線體」**，如詳細研究報告的長篇文章，則適用「明體、襯線體」。

　　此外如 MSP 這類名稱後面加了 P 的字型，意為「proportional」（成比例的），指文字寬度不同的「比例字型」。沒有 P 的字型稱為「等寬字型」，只適合用在電子郵件等需要統一文字間距的情況。

　　請注意，字型界也有所謂的流行趨勢。例如 Century 這類歐文字型，由於是 MS Word 預設字型，通常會不假思索直接使用，但這種字型給人古板、俗氣的感覺。近年來較常使用的字型是 Meiryo（明瞭體，日文為メイリオ，一種搭載在微軟 Windows Vista 的日文字型）。此外，**太過柔和的字型即使正夯，也不適合用於商業文件。**

字型種類

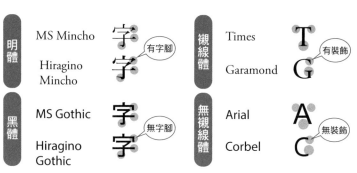

選擇字型的重點

資料種類	合適字型舉例
簡報投影片	無襯線體（eg. 黑體、Meiryo、Verdena）
以列印紙稿為前提的長篇資料	襯線體（eg. 明體、Times New Roman）

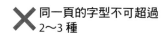

✗ 同一頁的字型不可超過 2～3 種

> **現況報告**
> **1.Summary**
> 本報告是根據去年
> 顧客滿意度調查結
> 果……
>
> *2. Target*
> **首都圈銷售金額前**
> **100 名的公司**

✗ 不適合商業文件的字型

> *現況報告*
> *1. Summary*
> 本報告是根據去年
> 顧客滿意度調查結
> 果……
>
> *2. Target*
> *首都圈銷售金額前*
> *100 名的公司*

24 設定字級大小
標題、內文、注釋、出處的字級大小，應有統一標準

選好字型後，就要設定字級大小。事先設定妥當，即可避免因配合資訊量，導致同一層次的文字大小不一，維持文書資料的統一感。

　　若使用可自由變更文字大小的工具，很容易為了配合資訊量而調整文字大小。如果是由好幾人一起製作的資料，也可能發生依個人喜好設定字級（pt）大小的情形，導致整合文件的人傷透腦筋。為了避免上述情形，除了字型種類之外，還要決定字級大小與強調方式（→P74）。有 3 個部分必須統一字級大小，包括：①標題、②本文、③注釋與出處。

　　如是 PowerPoint 的話，①就是投影片的名稱，20～24 級字皆可。至於②，如是分發資料的話，內文應有 12 級以上，若是投影資料則要 16 級以上。並請考慮最小字級的設定值。尤其是投影片，最好先用投影機投影看看，自己親身確認幾級大小比較合適。如果因為內容太多、不願刪減而縮小字級，導致觀者看不清楚，不是很沒意義嗎？③即指圖表數值的補充說明或資料出處，無須顯眼，8 到 10 級字就夠了。

　　至於更細部的層次，如「%」或「元」等單位，不用比數值醒目，可設定比②的級數更小，凸顯必要的資訊，提高可讀性。

決定文字大小的方法（基本）

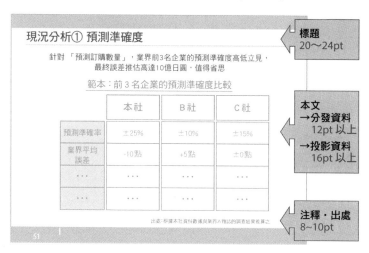

現況分析① 預測準確度

針對「預測訂購數量」，業界前3名企業的預測準確度高低立見，
最終誤差推估高達10億日圓，值得省思

範本：前 3 名企業的預測準確度比較

	本社	B社	C社
預測準確率	±25%	±10%	±15%
業界平均誤差	-10點	+5點	±0點
・・・	・・・	・・・	・・・
・・・	・・・	・・・	・・・

出處：根據本社資料數據與業界A雜誌的調查結果推算之

51

標題
20〜24pt

本文
→分發資料
12pt 以上
→投影資料
16pt 以上

注釋・出處
8~10pt

決定文字大小的方法（應用）

⬤ **單位字級較內文小**

%可設定較小級數
以凸顯數字

90%滿意

⬤ **月、日的字級較內文小**

字級完全相同　　5 月 25 日（五）開始徵件

「月日」級數較小 **5** 月 **25** 日（**五**）開始徵件

25 決定理想的強調方式
焦點集中於真正想要強調的地方

決定文字大小後，也要決定強調方式的規則。由於文字效果選擇很多，隨便套用肯定不會有效果，請鎖定關鍵重點，適度使用。

　　文字的效果除了粗體、底線、斜體、字型色彩、陰影等常見方式之外，還有反射、光彩、變形、旋轉、3D 等美工效果強烈的選項，非常豐富。但如果未經思考而用在商業文件當中，就會變成刺眼，而不是強調了，必須特別注意。

　　基本上，**請用「粗體」和「底線」強調就好**。如是黑白印刷，設定字型色彩沒有意義。如果印表機性能不好，陰影或浮凸印出來會糊成一團，難以閱讀。而其他如反射、旋轉、3D 等效果，反而會妨礙理解，請勿使用。

　　粗體用在標題或本文中的小標。底線用於本文中的小標，例如圖表的圖說加上底線，可讓人知道那是標題。

　　英文資料上的「引用出處」和「注釋」，常以斜體表示。但日文字型基本上沒有斜體專用的字型，況且斜體閱讀起來不方便，不需要特別使用。

　　看到各種裝飾文字的效果功能，想嘗試乃人之常情，但當你切換選擇的時候，也算浪費時間。建議各位下定決心，**只要是會妨礙閱讀的文字效果，都不要使用。**

文字效果舉例

基本上只用粗體和底線，不過度使用強調效果

正常 決定理想的強調方式 123 ABC

粗體 決定理想的強調方式 123 ABC

底線 <u>決定理想的強調方式 123 ABC</u>

斜體 *決定理想的強調方式 123 ABC*

陰影 決定理想的強調方式 123 ABC

反射 決定理想的強調方式 123 ABC

光彩 *決定理想的強調方式 123 ABC*

變形 決定理想的強調方式 123 ABC

文字效果的使用規則

統一標準：「大標用粗體，內文小標用粗體＋底線」

現況分析① 預測準確度

大標
粗體

針對「預測訂購數量」，業界前3名企業的預測準確度高低立見，
最終誤差推估高達10億日圓，值得省思

範本：前 3 名企業的預測準確度比較

內文小標
粗體＋底線

	本社	B社	C社
預測準確率	±25%	±10%	±15%

26 刪減文字的方法
資訊量拿捏至不多不少、剛剛好的技巧

減少文字，代表刪除多餘的東西，是凸顯精華不可或缺的作業。除了事先限制字數外，多出來的部分就因數分解。

　　基本上就是刪除眼睛看到的重複詞、修飾語及冗贅語尾，**將文章改成條列式，已是條列式就改成關鍵字**，一直刪減到一讀就懂的程度。如是數據資料，就製成表格或圖表。

　　而減少文字量的進階技巧是「因數分解」。所謂因數分解，和數學公式「$ab+ac+ad=a（b+c+d）$」的要領相同：將文章中重複出現的詞彙挑出，當作總括的索引。文句的主詞、受詞等常會重複，若將所有內容都以文章形式呈現，定有許多重複之處。請思考如果換成表格、圖表的話，是否可以減少字數。

　　此外，如果希望文字量固定，**可事先規定字數**。規定字級大小和書寫空間，就是不錯的辦法。根據內容屬性來自由規定文字量，乍看似乎沒錯，但其實是本末倒置的作法。最重要的是如何在有限空間內，發揮創意和努力來傳達本質。有名的例子像是 Yahoo!新聞標題、電視新聞快報跑馬燈等，都不能超過 13 個字，必須在有限字數內強調重點。因此，請各位持續練習控制資訊量，提升挑選詞彙的功力。

因數分解　改善前

找出每列中重複出現的詞彙，第一列是「Level」，第二列是「服務」，
第三列是「觀點」。這些就是「共通項目」

Level 1

就<u>服務</u>而言，品牌和設計沒有統一，會讓顧客混亂。

要從自家公司的<u>觀點</u>而非顧客觀點出發，以組織為單位構成並經營服務。

Level 2

就<u>服務</u>而言，品牌雖已統一，但單向內容占大多數。

不是以各組織為單位，而要以使用者<u>觀點</u>來構成服務。

Level 3

攻占使用者程序的殺手級<u>服務</u>，出現許多新企畫。

方便性高的服務、功能增加，具有為了成長的<u>觀點</u>。

Level 4

<u>服務</u>改變了顧客以往的處理程序，並編進標準作業流程。

奠基於使用者需求的服務和功能，演變為實務上的準則。

因數分解　改善後

各段的共通項目當作索引，
內容因應資訊量，維持不變或換成關鍵字

Level	1	2	3	4
服務	以組織為單位，沒有統一	統一平台統一品牌	殺手級服務	編進使用者程序
觀點	自家公司觀點	使用者觀點	成長觀點	實務觀點

27 文章的好讀程度①
嚴選詞彙，讓文章易懂好讀

製作資料時，特別講究詞彙的精準與否。講究的重點有二：刪除「不必要的詞語」、把「曖昧詞語」換成明確詞語。

　　修正冗贅敘述與難懂的曖昧詞語，資料就會更好懂。

　　不需要的詞語有①重複詞、②片假名詞語、③多餘詞彙。①通常是下意識重複使用，最終確認時才會發現。②除了沒有相對應的日語、抑或該片假名比日文更為人所知以外，以日語表達可減少字數，也更容易閱讀。因此，資料中請盡可能統一使用日語。* ③是指可有可無、即使刪除也不影響語意的詞語。大多是受到口語影響而顯冗贅的表達方式。除了以上 3 種，業界、公司內用語也要配合資料使用方式。若不適合，就選擇其他替代詞彙。

　　同時，**請減少曖昧的詞語。**①形容詞、副詞要以明確的數值或狀態來表示。②不要使用「～的」、「～化」等理解方式因人而異的抽象名詞。

　　據說「～的」是明治時代時，不知道該怎麼將「systematic」翻成日文，因此把「-tic」換成發音相近的「的」，而變成「有系統的」。雖然經常看到「網路的」、「第三世代的」等說法，但在製作商業資料或寫作時，還是不要輕易使用。

---

*　製作中文資料亦然，考慮到目標對象可否理解，應盡量不用外文，以相對應的中文表示。

刪除不必要的詞語

① 刪除重複的詞語

・首先一開始	→	一開始
・約 5 分鐘左右	→	約 5 分鐘
・進行處理	→	處理
・推動統合	→	統合

② 製作資料時，不用外文，改用相對應的中文

・サーチする（Search）	→	搜尋
・トレーニング（Training）	→	訓練
・ローンチ（launch）	→	推出

③ 多餘的詞語

◆「所謂的」、「一事」、「這種東西」
  ・被客戶質問所謂的「瑕疵品」是怎麼回事
  ・嚴守交貨期限一事是大前提

（可刪除）

◆「～的方式」、「～部分」
  ・採取停止運轉的方式　→停止運轉
  ・性能部分沒有問題　　→性能沒有問題

◆「去」、「來」
  動詞後不加上「去」、「來」等冗贅字詞
  ・現在要去調查　　　　→現在正在調查
  ・檢驗如何去運作　　　→檢驗如何運作
  ・作業疏失持續來出現　→作業疏失持續出現

◆「想要～」、「讓我為您～」
  為達言簡意賅，請捨去上述詞語，將焦點放在「關鍵動詞」即可
  ・想要分析　　　　→分析
  ・讓我為您說明　　→說明

改掉曖昧的詞語

① 形容詞、副詞

（表達明確的數字）

・懇請盡快回覆	→	懇請於 25 日 中午12:00 前回覆
・大幅改善性能	→	速度快三倍

② 抽象名詞 ～的、～化、～度

・提高理解度	→	加深理解
・謀求手冊的高品質化	→	提高手冊的更新頻率

28 文章的好讀程度②
明確的主詞和謂語

語句中的主詞和謂語*關係是否成立，修飾詞語、句子是否簡明易懂，都左右著文章的易讀與否。

　　請記住寫文章的大前提是「**誰做什麼**」、「**什麼是什麼**」，**盡量使用結構簡單的句子**。由於日語句構省略主詞也成立，因此常看到結構不完整的句子，常見的例子有：①省略主詞；②主詞、謂語不一致；③主動、被動不明確。

①省略主詞

　　文章包含許多句子，當有兩個以上的謂語出現時，若省略主詞，就搞不清楚「誰做什麼」、「什麼是什麼」的基本句構。

②主詞、謂語不一致

　　書寫時沒注意到謂語已經改變。

③主動、被動不明確

　　把動詞當名詞使用，就會搞不清楚是主動還是被動。如「管理部門的調查被嚴厲執行」，光看這句話無法得知是管理部門進行調查，還是被調查。

　　不經大腦思考就把並列句、複合句連在一起，容易變成主詞、謂語不一致。書寫時應隨時留意主詞是否清楚明確。

---

*　　謂語即陳述主詞狀態的語彙，一般在日文語句的最後面。

省略主詞

例句 與山田主任的長官確認後，表示擔心。

▼

改善後 ・我與山田主任的長官確認後，山田主任表示擔心。
・山田主任向長官確認後，長官表示擔心。

有明確的主詞

主詞、謂語不一致

例句 本系統開發的目的是為提高供應線的生產率，去年以最優先計畫開始開發，現在已延宕三個月。

▼

找出「誰做什麼」、「什麼是什麼」的基本架構
【誰／什麼】 → 【做什麼／是什麼】
開發目的 → 提高生產率
本公司 → 開始開發
計畫 → 延遲

▼

改善後 開發本系統的目的是為提高供應線的生產率，本公司去年視為最優先計畫投入開發，現在已延宕三個月。

主動和被動

例句 管理部門的調查被嚴厲執行。

▼

改善後 〈主動〉管理部門進行了嚴格的調查。
〈被動〉針對管理部門的調查，正在嚴格執行中。

明確表明
主體

資料做得快又好的祕訣

談到製作資料，總有要花很長時間，甚至要熬夜工作的印象。不論你是何者，對精神、體力都是極大負擔。切記，短時間內完成資料，絕不是偷工減料，祕訣如下。

首先要透過 QCD 來確認對方的期待。Q 是品質（quality），C 是成本（cost），D 是提出期限（delivery）。這三者屬於彼此配合調整的關係。如果是明天就要交的緊急情況，就要縮小調查範圍，降低品質，或是提高成本，向上級反映為固守品質，請增加人手。若是組織內部資料，就要避免製作曠日廢時的圖表、圖解等，避免品質過剩的浪費。

第二是分頭進行「蒐集」、「思考」、「製作」等作業程序。邊用電腦製作資料，邊上網蒐集資訊，浪費的時間遠超出你的預期。請先集中火力蒐集必要資訊，在紙上草擬並決定架構。若開著 PowerPoint 檔案思考該怎麼做，很容易會分神去在乎顏色、視覺效果等非屬內容本質的東西。

最後，請多參考他人的資料，可以的話就存檔備查。沒看過的東西是難以想像與描繪的，當你大量看過各種資料之後，就能了解何謂簡潔有力、一看就懂。

CHAPTER

04

表格的製作
技巧

- 只要掌握「數據表」、「一覽表」、「關聯表」，任何表格都難不倒你

- 透過「邏輯樹狀圖」，理出脈絡與重點分明的「項目」

- 善用顏色、符號等無須閱讀也能一看就懂的表現方式

- 格線，越不明顯越好，有時不畫線也 ok

- 製作表格應遵守的 6 大基本原則

29 了解表格的種類與特徵
掌握 3 種表格

商業資料上常會用到大量表格，想成為圖表達人，一定要先學會 3 種表格：表示數值資訊的數據表、列出所有資訊的一覽表、比較不同項目之間關係程度的關聯表。

    Excel 表格可因應想表達的東西與主題，分成 3 大類。

    首先是表示數值的**數據表**（table），常用於收支報告或營收報告。製作重點在於，所有數字都應簡單明瞭，框線、空格皆遵守基本規則繪製，整齊而一目瞭然。

    第二種是**一覽表**（list），即列出名單或產品的屬性，每行顯示資訊的表格。小至數行，大至數百行。若是用 PowerPoint 或 Word 製作，超過數十行的一覽表最好另存新檔，以附加檔案方式提供，或是因應訊息改造表格本身。

    最後一種是**關聯表**（matrix），也就是找出成對因素，分別排列成行和列，並在格中表示有無相關性，及關係深淺，做出比較。在商場上，大多會為了決策而製作關聯表，而項目選擇方面也必須下工夫。關聯表主要有兩種：一是比較 2 組事件之間的關係或關係程度的 L 型矩陣，另一種是比較 3 組項目的 T 型矩陣。**表達關係程度的空格中，可鍵入△、╳等符號、顯示相關性的數值，或在格內填滿上色，以顏色區分等。**

    不論是哪一種表格，項目的設計是否有邏輯，階層結構是否清楚，都會影響閱讀理解。

數據表（Table）

	1月	2月	3月
總收入			
營業額			
會費			
總支出			
租金			
電費			
家用雜費			
收支			

數值要
清楚好讀

一覽表（List）

產品	型號	名稱	尺寸	售價
A				
B				
C				
D				

關聯表（Matrix）

L 型矩陣圖

	分析	構想	實行
A	○	○	-
B	△	×	×
C	×	△	○

在行列之間找
出關聯程度

T 型矩陣圖

實現度		選項	實效	
時間	成本		範圍	大小
		A		
		B		
		C		
		D		

透過邏輯思
考，設定項目

30 設計表格的項目
透過邏輯樹狀圖，整合所有資訊

思考表格項目時，若隨便製作，別人可能會看不見你想表達的訊息。請使用邏輯樹狀圖設計，讓訊息可以被看見。

　　如果項目少，製作前即使未經深思，也不至於看不懂。但若項目多，就必須有邏輯、有系統思考想比較的事情，再決定表內要填入哪些項目。

　　表格中的項目非常重要，擬定過程太過草率的話，可能會出現長句或多種資訊混雜，結果不仔細研讀，根本看不懂。**表格內的資訊應該是經過整理、一目瞭然的，因此必須設定能因數分解資訊的**項目。但若是想太細、考慮太多，導致項目層級或順序太亂，一樣難以解讀訊息。**表格不同，最適合傳達訊息的項目擬定方式也不同，因此建議利用邏輯樹狀圖來整理。**

　　首先要決定想用表格傳達什麼訊息，例如「說服眾人 A 是最合適的選擇」。接下來將此根據當作主要項目，再從中擬出次要項目，依此類推。最後，如能將項目因數分解到只包含單一因素的程度，就可決定最小項目了。然而，若直接條列最小層級的項目，就看不出邏輯脈絡，因此仍要設定並列出大項目和中項目。

表格項目的擬定方式

用邏輯樹狀圖整理表格項目

想傳達的訊息 → 最適合的選項為何？ ← 根據

```
                最適合的選項為何？
        ┌──────────────┼──────────────┐
    功能性高         可信度高        成功
                                  可能性高
    ┌────┴────┐    ┌────┴────┐    ┌────┴────┐
   數量      品質  實績     品牌  初期成本  運用成本
  ┌──┴──┐     │    ┌──┴──┐    │      │        │
 活動  日程  完整度 實例數量 排名  金額     金額
```

▽ 變成表格項目

以大分類、中分類設定可看見邏輯樹狀結構的項目

	功能性						可信度		成功可能性		綜合評價
	數量					品質	引進實例數量	排名	初期成本	運用成本	
	活動	日程	．．．	．．．	．．．	完整度					
A						8pts	50 件	1	A	A	○
B						6pts	45 件	5	B	C	○
C						9pts	55 件	2	A	B	◎
D						3pts	31 件	10	C	C	△
E						1pts	20 件	22	C	C	×

31 決定欄位的記述方式
用文字或數字以外的表示方法，提升易讀性

在表格的格子內，除了數值或文字以外，還有各式各樣的表現方式。為收一目瞭然之效，使用顏色、符號等無須閱讀也能明白的視覺圖像，效果極好。

決定了表格的項目後，就要思考格子內的記述方法，這時通常會想到文字或數字，但**若是以決策為目的的表格，你所選擇的表現方式，必須一眼就能看出哪一個比較好，優劣或特徵立判**。下面分別說明 3 種最具代表性的記述方法。

首先，如果是處理數值的表格，可根據數值大小變更文字色彩，例如**負數就用紅字**，也可以在格子內填滿不同顏色。此外，**象形圖**亦能表示你最想強調的數值。

一覽表通常包含大量文字資訊，請下工夫刪減不必要的資訊。比方說，將某屬性項目設定為 3 階段，用顏色或符號來表示。

最後是關聯表，**在格子中表達有無關聯或關聯程度，使用顏色或符號較好**。常見的「○△×」符號，日本以外的國家鮮少使用，和國外做生意時必須特別注意。尤其是「×」，在美加代表「已確認」、「有」的意思。國外也常用塗黑的圓形，代表「符合」。其他符號如「晴天、多雲、雨天」的**天氣符號**；「紅、黃、綠」的**紅綠燈顏色**等，都可靈活運用，表示「達成目標」。請配合想強調的訊息，選擇最合適的記述方法。

格子的記述方法

文字色彩	格子背景色彩	象形圖
5,000		
6,300		
1,200		
-500		
1,900		
-2,000		用圖像代表數值
4,500		

用於關聯表的各種符號

○×符號	天氣符號	表情符號	符合符號	確認符號
○	☀	☺	●	✓
×	☂	☹	◑	✗
△	☁		◐	
○	⚡		◔	

日本以外的國家不使用

32 格線的畫法
越不顯眼越好

說到表格，就會想到水平、垂直的格線，但格線若比格子內容更顯眼，會造成反效果。因此，格線要盡量減少，或是低調處理。

　　表格不能缺少直線、橫線，但這些線條不是主角，表格中的數值和文字才是。**格線是分隔數值或文字，方便閱讀的配角，**應避免太引人注目的畫法。**基本原則是設定外框為實線，表格內的格線為細線或虛線。**如果還是很顯眼，可將線條顏色改為灰色。

　　其實還有一種做法，直接拿掉這些線條。拿掉格線時有兩點要注意：橫列中的文字或數值要「加入間隔」，以及文字或數字的位置應對齊，如**文字靠左對齊，數字靠右對齊。**若是有好幾行文字，只要靠左對齊即可，如此一來，就算沒有格線看起來也很整齊。那「加入間隔」是什麼呢？就是透過空間和位置，做出看不見的格線。如果拿遠一點看，文字、數字看起來仍整齊有致，看不見的格線就成功派上用場了。

　　有種表格是隔行上色，小型表格不太需要這樣做。除非是很長的橫式表格且行數很多，不然就不需要隔行上色。

　　至於格內的網底色彩，如果索引行或列的色彩使用高彩度的螢光色，就會導致只有索引顯眼的反效果。表格的重點是格子內經過整理歸納的資訊，因此格線、索引應盡量內斂含蓄，隱身於後。

格線太粗，數據就不明顯

	D1	D2	D3	D4
A	0.0	0.0	0.0	0.0
B	0.0	0.0	0.0	0.0
C	0.0	0.0	0.0	0.0
D	0.0	0.0	0.0	0.0

加入間隔，可省略直線

	D1	D2	D3	D4
A	0.0	0.0	0.0	0.0
B	0.0	0.0	0.0	0.0
C	0.0	0.0	0.0	0.0
D	0.0	0.0	0.0	0.0

簡單的表格，不畫線也 OK

	D1	D2	D3	D4
A	0.0	0.0	0.0	0.0
B	0.0	0.0	0.0	0.0
C	0.0	0.0	0.0	0.0
D	0.0	0.0	0.0	0.0

33 設定表格樣式
訂定規則，讓你的表格一看就懂

包含許多數值資訊的表格，若添加「裝飾」就會過於繁雜。盡量減少不必要的東西，建立樣式的規則，做出乾淨易懂的表格。

表格要遵守下列基本規則，「易讀好懂」永遠為優先考量。

① 標題放在第一眼看到的位置

標題應放在左上角或上方中央，字級最大，讓人一眼就看到。

② 註明單位

若是金額，日圓就以千元為單位，美元則以 K$（＝1000 美元）為最小單位。阿拉伯數字太大的話很難判讀，應使用適當的較大單位。若每行單位不同，應在項目名稱旁註記，以免弄錯。

③ 極力減少格線

盡量減少格線，或設為灰色細線，凸顯格內的數值或文字。

④ 文字列要對齊

數值靠右，文字靠左對齊，並加入間隔，可減少直線。

⑤ 項目結構要明瞭

可縮排（indent）或空一行，相關項目歸在一起，不要單純排列，應做出視覺層次，區隔項目結構。

⑥ 用色彩表示數值意義

負數用紅字，計算後會改變的數值用黑色，變動數值用藍色。

① 標題放在左上角

② 註明單位

A 事業收支報告表 （2015 年 1～3 月）

（單位；千日圓）

	1月	2月	3月	1Q 實際成果	1Q 預算	預算比
收入	389,200	240,000	613,400	1,242,600	1,349,000	92%
活動	350,000	200,000	569,000	1,119,000	1,200,000	93%
年費	34,000	34,600	35,600	104,200	130,000	80%
廣告	4,000	3,400	5,400	12,800	12,000	107%
商品	1,200	2,000	3,400	6,600	7,000	94%
支出	367,300	346,900	441,750	1,155,950	1,137,900	102%
場地費	120,000	90,300	140,000	350,300	300,000	117%
報告資料	5,000	6,000	45,000	56,000	60,000	93%
周邊商品製作費	90,000	85,000	120,000	295,000	250,000	118%
行銷	100,000	98,000	90,000	288,000	320,000	90%
交通費	50,000	65,000	45,000	160,000	200,000	80%
電信費	300	300	300	900	900	100%
講師費	800	1,000	950	2,750	3,000	92%
其他	1,200	1,300	500	3,000	4,000	75%
收支	21,900	−106,900	171,650	86,650	211,100	41%

⑤ 利用縮排或粗體字做出層次感

③ 拿掉直線
④ 數值靠右、文字靠左對齊

⑥ 負數用紅色表示

COFFEE BREAK

破除「爛簡報」魔咒

　　各位聽過「Death by PowerPoint」（爛死人簡報）嗎？這種簡報的資訊量都極為龐大，導致台下聽眾有聽沒有懂而睡成一片。目前日本已有好幾家外商企業下達「PowerPoint 禁令」，重新省思用 PowerPoint 製作資料或簡報。做簡報時，必須設法讓對方感受到「變化」。

　　「不要一開始就思考訊息本身」，應該先設法增添變化與巧思，不讓目標對象覺得無趣。訊息是簡報的主幹，也是必須傳達的內容，但若從自身想傳達的訊息開始思考，就會落入本位主義，無法有效影響他人。你希望聽簡報的人覺得「完全沒興趣」、「有興趣」還是「不耐煩」呢？同樣的訊息，但想影響對方的方法都不一樣。訊息的本質固然重要，但要傳達訊息時，也不要忽略了適時做點變化。

　　切記，「不要期望別人會永遠專注」。人在傾聽時，注意力只能持續 5 分鐘，換句話說，說話者如果沒有 3 到 5 分鐘就變花樣，聽者就會恍神而深陷「Death by PowerPoint」的泥沼。不要以為別人會永遠專心且耐心聽你說話，說不定他們偏偏就在最重要的地方閃神，漏掉你最想傳遞的訊息。

據說管理階層的注意力往往比一般人短，因為他們日理萬機，每天要思考的事情很多，如果你的報告一直沒畫重點或畫錯重點，他們就會轉移注意了。因此，跟高階主管報告時，每隔 3 分鐘就要安排一張可以引起興趣的投影片。

CHAPTER

05

圖表的製作
技巧

本章關鍵重點 CHECK-UP!

- 如何掌握 4 大基本圖表，舉一反三

- 3D 立體圖為何是大忌？

- 盡量避免使用圓餅圖，非用不可時請搭配直條圖

- 資料界的 TPO 原則有助於精準傳達訊息，不可不知

34 4種基本圖表
掌握特性，好好運用

圖表種類繁多，變化多端，想自由製作各種圖表之前，必須先掌握 4 種最基本的類型，分別表示：數量、變化、次序、細目。

　　先記住基本的圖表種類並理解各自的特徵後，再挑戰複合性圖表。雖說未必要學會困難複雜的圖表類型，但若「老是只用直條圖」，就無法正確呈現數值帶來的衝擊

　　基本圖表有 4 種，分別是**比較連續數量的直條圖、表示變化傾向的線形圖、表示名次的橫條圖、表示明細的圓餅圖。**

・直條圖

　　一般用來呈現一段時間內銷售數據的變化等，橫軸是表示年月、時期的時間軸，縱軸則表示數量。

・線形圖

　　縱軸表示變化的數值，橫軸是時間變化。與條狀圖最大的不同是，線形圖要呈現變化程度，因此縱軸基線不一定要是零。

・橫條圖

　　絕對不是將直條圖改成橫向就好，而是應將同屬性者按照名次、順序呈現，因此縱軸「項目」的排序會不時變動。

・圓餅圖

　　呈現資料的分項細目，由於面積、圓心角的實際大小難以判讀，不適合用來比較複雜的數值。

直條圖

連續性數量資料
- 縱軸：**數量的數值**
- 橫軸：**時間或變化因素**
- 基線必為零

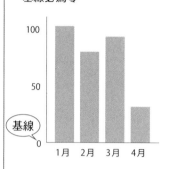

例：A 公司每月銷售額

線形圖

事物的變化傾向
- 縱軸：**變化的數值**
- 橫軸：**時間**
- 基線不一定為零

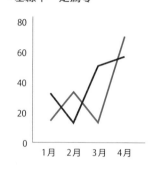

例：兩家公司每月銷售額變化

橫條圖

分類項目的名次或比較
- 縱軸：**比較項目**
- 橫軸：**名次或比較的數值**
- 基線不一定為零

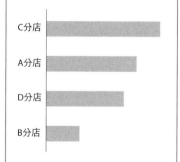

例：各分店銷售額名次

圓餅圖

詳細內容
- 面積大小：**數量比例**
- 不適合比較變化

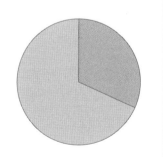

例：A 事業銷售額細項

35 直條圖｜基本篇
以直條長度表示連續性數量

直條圖很單純，基本規則是①基線從零開始、②不用 3D 立體設計、③項目相同，直條的呈現方式相同。

　　直條圖是以條狀的長短來顯示數量，**規則是基線從零開始**。若任意從非零基線開始，就無法精準呈現直條高度，有操控數據之虞。

　　同樣的，為了正確掌握面積大小，**請捨棄無意義的 3D 立體設計**，只著眼於面積。立體設計因包含更多資訊，反而會造成干擾，造成其後方的資料數據難以閱讀。不僅是條狀圖，立體設計在圓餅圖中也很容易造成扭曲，因此不建議使用。近年來的資料製作或簡報相關書籍，幾乎都異口同聲表示「勿用 3D 立體圖」，此觀念已逐漸普及。因之，使用 3D 立體圖表可能招致負評，不可不慎。

　　此外，條狀圖的條狀部分，基本上代表相同要素，**應避免各條狀使用不同顏色或花紋**。但若數據意義不同時，就有必要改變。如右頁下圖的 4 月乃預估數字，如果和 3 月之前的實際數字使用相同顏色，可能造成誤解。因此，4 月的長條顏色刷淡，用虛線而非實線，已充分表達預測之意。當數據代表意義不同時，可選取適當功能變更「色彩」與「外框線條」。

基線必為零

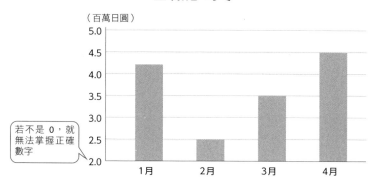

（百萬日圓）

若不是 0，就無法掌握正確數字

勿用 3D 立體設計

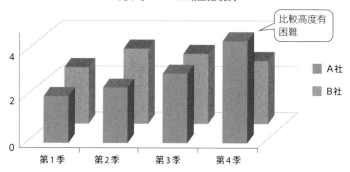

比較高度有困難

A社

B社

項目意義有變，直條外觀也要改變

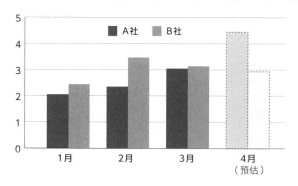

36 直條圖｜應用篇
利用堆疊或位移，加深視覺印象

單純的直條圖也可藉由堆疊、百分比或位移，傳達各式各樣的訊息。請依據內容，選擇最適合的表現方式。

　　條狀圖的變化很多。有些製圖軟體提供各種圖表種類，只要動動滑鼠一步步點選就能做出精美圖表，建議大家多多嘗試。下面介紹幾種較具代表性的圖表。

　　第一種是 100%堆疊直條圖。並非列出絕對值，而是比較**每個細目所占百分比**的圖表。要注意的是，累計數值應由下而上遞減。如果不照此順序，詮釋起來就有困難。

　　第二種是量率圖表，是**可以一次呈現直條總量和各細項比例**的圖表。製作方法較為麻煩，要先做出 100%堆疊直條圖，然後依照比例放大或縮小直條寬度。由於形狀不單純，可能導致數值相同，但直條大小卻不一，光憑肉眼很有可能誤判，因此要在圖上標示數值。

　　最後是瀑布圖（waterfall chart），表示**某兩個時間點前後、數量的變化**。這類圖表現出前一個狀態的數值產生何種變化，才導致了後面的狀態，因視覺上有水波流動的感覺而得名。右頁下圖表示各種措施對降低成本有何影響，也可用於表現銷售額或利潤結構。

100%堆疊直條圖

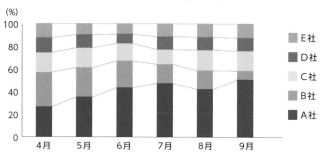

量率圖表

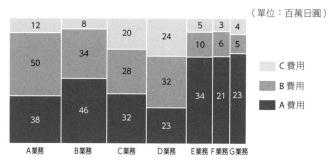

瀑布圖（Waterfall Chart）

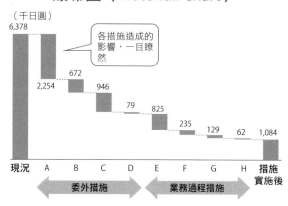

37 橫條圖
表示順序、排名

橫條圖並非只是將直條圖改成橫條這麼簡單,相對於直條圖是連續數量的比較,橫條圖表示的是順序隨時會變動的排名。

　　橫條圖用來表示名次,因此**項目的排列順序會依照排名而變動**。這是和直條圖最大的不同。由於直條圖是量的比較,原則上排列順序是按照時間或決定好的項目。例如同樣是表達各分店銷售額時,直條圖就會按照分店名稱或地區等順序排列,若是橫條圖就按照銷售額高低。

　　橫條圖只要能明白排名和差異程度即可,**無須畫出詳細的刻度,或一一標示實際數值**。按照名次排序後,如有想添加的訊息,像是「排名先後傾向」、「哪裡造成差異」、「前 5 名占全體幾分之幾」,再自行補充強調。

　　圖例 1 是某求職網站針對使用者所做的「本站缺乏何種資訊」問卷調查。圖上明顯分成兩極化的前後段名次,並詳列項目的內容。

　　圖例 2 為「柏拉圖」(Pareto chart),橫條圖也能像這樣以直向表示。按照排名排列,並以折線表示「量」的累積比例。圖例上的商品依照銷售額高低排列,並以累積百分率分成 3 種等級,即為物料管理所使用的「ABC 分析法」。

橫條圖的基本規則

✕ 因為不是比較詳細數值，基本
上不需要刻度

○ 實際數值較少，項目多時可加入分
隔線

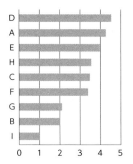

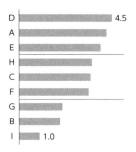

橫條圖圖例 1

網站不足的資訊

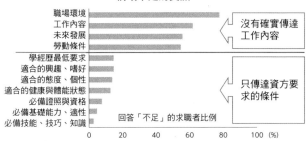

沒有確實傳達
工作內容

只傳達資方要
求的條件

橫條圖圖例 2

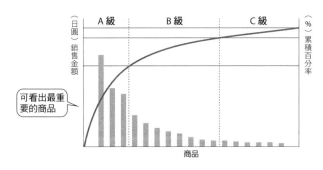

可看出最重
要的商品

38 線形圖｜基本篇
用線條走向，呈現變化傾向

條狀圖以面積表示數量，線形圖則是以線條走向表現變化。為了呈現上升、下降、平穩等變化，務必控制好刻度。

　　由於**線形圖是以線條走向表示訊息**，刻度設定相當重要，基線非零也沒關係（與直條圖不同）。金額較大時，以零為基線反而會看不出變化。即便如此，刻度若設定得太細，就會導致細微變化似乎很巨大的錯覺。**刻度設定要使折線落在圖表高度的三分之一到三分之二之間。**

　　若想強調「停滯」或「平穩」，可取較大數值的刻度，使線條下方變成沒有曲折的線條。務必要依據訊息內容調整刻度。

　　製圖軟體都會內建許多不必要的裝飾效果，如色彩或過多的刻度線之類，製圖時能避就避，讓圖表看起來簡明易瞭，訊息明確。

　　線形圖中的四角形或三角形標記（marker）會造成干擾，由於我們的目的是用線條走向呈現變化，建議拿掉標記才不會妨礙閱讀。線條數量如果不多，也可利用無彩色的濃淡或粗細、實線或虛線等來做出區別。

線形圖的刻度設定

✕ 太平而不易看出變化

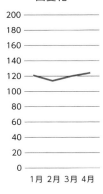

✕ 太極端容易造成誤會

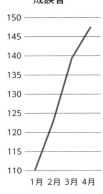

○ 線條走向落在全表的 1/3

除掉線形圖的干擾源

同時使用標記和色彩，給人亂七八糟的印象

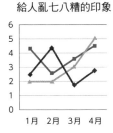

拿掉標記後，更容易看出變化

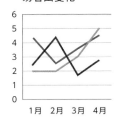

以無彩色為宜

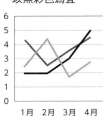

39 線形圖│應用篇
用堆疊和組合，傳達複雜的訊息

線形圖和條狀圖一樣，可藉由堆疊成層，混搭不同圖表，呈現較為複雜的訊息。

　　線形圖中，線條走向是最重要的，線條太多就會重疊交錯，導致難以閱讀。遇到這種情況就無須堅持只做一個圖表，可以一個圖表現一種線條走向，將所有圖一字排開，就能清楚看出箇中變化。尤其是類似股價這種有許多微小波動的數據資料，即使只有兩條線，看起來也非常繁雜。因此想比較兩家公司的股價時，可做成兩張圖，上下並排比較。

　　堆疊面積圖可作為應用圖表使用。相對於線形圖只呈現變化，**這種圖可以一次呈現 3 種變化：以折線表示變化，以面積表示量，以堆疊呈現各項目的比例。**就像地層一樣，層層堆疊上去。圖例是人口動態的圖表，生產年齡人口上面是老年人口，在視覺上強烈表現出老年人口的沉重。雖然用堆疊直條圖也能做出同樣的內容，但若想強調「變化」而非「量」的時候，就可以用堆疊面積圖。

　　另一種應用方法是和直條圖結合，即先前提過的柏拉圖。假設要比較銷售額和利潤率這種單位極大、差異也很大的事物時，可將銷售額（單位：元）做成直條圖，利潤率（單位：%）做成線形圖，在兩側都設有縱軸，就很容易比較了。這種圖適合用來比較數量和比例。

拆成不同圖表，一字排開，一目瞭然

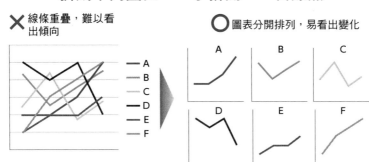

✕ 線條重疊，難以看
出傾向

A
B
C
D
E
F

◯ 圖表分開排列，易看出變化

A B C

D E F

堆疊面積圖

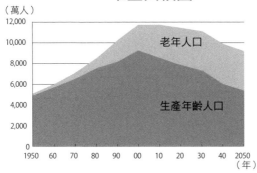

（萬人）

12,000

10,000

8,000

6,000

4,000

2,000

0

老年人口

生產年齡人口

1950 60 70 80 90 00 10 20 30 40 2050
（年）

結合直條圖的雙軸圖

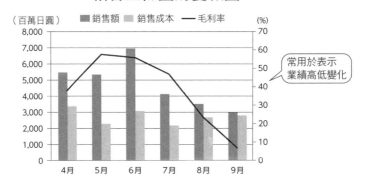

（百萬日圓） ■ 銷售額 ■ 銷售成本 ― 毛利率 (%)

8,000   70

7,000   60

6,000   50

5,000   40

4,000   30

3,000   20

2,000   10

1,000

0   0

4月 5月 6月 7月 8月 9月

常用於表示
業績高低變化

40 圓餅圖
以角度和面積呈現細項

圓餅圖雖然常見,然而視實際內容需要,有時堆疊直條圖是更好的選擇。況且如果項目很多的話,並不適合以圓餅圖表現,請特別注意使用的限制與時機。

　　說到圖表,應該有很多人會聯想到圓餅圖。它的確是主要圖表之一,但目前已有部分專業顧問公司或調查機構明令「禁止使用圓餅圖」,所以使用上必須特別注意。**禁用的原因主要是光靠扇形面積和圓心角角度,很難掌握正確的數值。**比較項目少、分割比例大的話還好,但項目太多就不適合。

　　圓餅圖原則上是**按照數據大小排列各項目**,因此也不適用於項目順序有特殊意義、想固定不變時。右頁上圖是人資 5 階段評比,由於是從 A 排到 E,排列次序有其意義,因此**比起圓餅圖,100% 堆疊直條圖會更適合用來表現排列順序和細項。**

　　使用圓餅圖時,首先要確認①資料項目數量少,②資料排列順序沒有意義。項目很多卻仍想使用圓餅圖時,可參考右頁下圖,將細目歸納成「其他」,另用直條圖來表示。

　　色彩不要太多,請用同一種色系的漸層色,也要避免會讓角度和面積扭曲的立體設計。

圓餅圖、堆疊直條圖，哪個好？

項目有次序或排名時，
以 100% 堆疊直條圖為宜

例：5 階段評比的員工人數比例

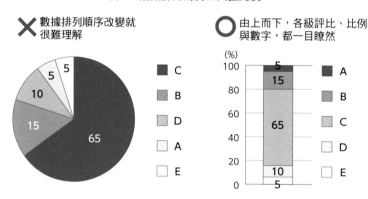

✗ 數據排列順序改變就
很難理解

○ 由上而下，各級評比、比例
與數字，都一目瞭然

減少資料的項目

有些細項可統一歸到「其他」，
以堆疊直條圖來呈現

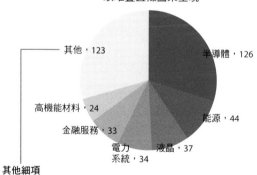

41 散布圖
表現出兩個變數之間的關係

散布圖的橫軸與縱軸分別代表不同項目，數據符合之處就標記一點，適合用以觀察兩種項目有何關係。

　　散布圖是顯示數據分布與相互關係的圖表。縱軸、橫軸設定項目，以點表示數據。標記點稱為「標繪」（plot），根據所標繪的點的形態，呈現兩項目的關聯。呈現關聯是指「B 因 A 而變化」或「A 改變，B 也改變」。如圖例，**若點的分布是往右上方越來越高，隨著 X 軸的數值變化，Y 軸數值也變化，表示是正相關。相反的，若是往右下越來越低，就是負相關。**點的型態越是集中於斜線上方附近，關聯性就越強；越擴散，關聯就越弱。

　　散布圖中，橫軸採變化數值。先產生變化的數值 X 是橫軸，表示原因，因 X 變化產生的「結果」Y 為縱軸。右頁圖例是「增加業務，銷售額會怎麼變化」及「氣溫變化如何影響來客數」，先變化的業務人數、氣溫等項目要放在橫軸。圖例 A 顯示，增加業務人數雖有助於提升銷售額，但超過某人數後就沒有關係了。圖例 B 標繪了週末和平日的數據，週末的傾斜度較大，可知氣溫高低和來客數多寡有較強的關聯。

關聯模式

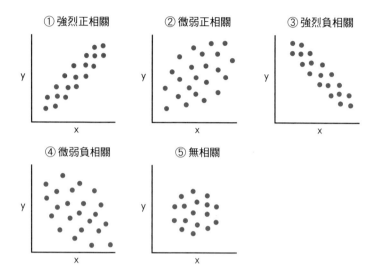

① 強烈正相關　② 微弱正相關　③ 強烈負相關

④ 微弱負相關　⑤ 無相關

散布圖圖例

A. 業務人數與銷售額的關聯

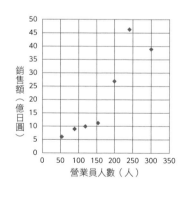

B. 氣溫與啤酒屋來客數的關聯

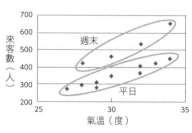

42 泡泡圖
表示 3 個變數之間的關係

除了構成散布圖的雙軸以外，泡泡圖又多了以圓的大小表示相關數量資訊的圖表；透過平面圖表，表現 3 種項目的相互關係。

　　泡泡圖也可說是散布圖的一種，但畫上去的不是點，而是以「泡泡」的大小來表現數量。若說散布圖呈現 2 種項目，那泡泡圖就是以平面而非立體的方式，來呈現 3 種資訊。在平面的紙張或畫面上加入 3D 立體設計，很容易就會扭曲數據資料，讓觀者很難、甚至完全無法判讀。因此，泡泡圖可說是以平面呈現立體資訊的一種好方法。

　　泡泡圖的缺點在於，泡泡數量太多時，會彼此重疊干擾，而掩蓋了真正的資訊。在散布圖中，資訊多寡會左右相關性的正確與否，因此點越多越好；而泡泡圖的泡泡數量則應有所節制，以免造成誤導。

　　至於軸的設定方式，**泡泡大小和數量（＝Z 軸）**可代表業界、企業、商品的規模；**X 軸和 Y 軸**則用來定義想呈現的「**相互關係**」。定義加上數據，即可傳達較為複雜的訊息。即使是類似市占率這種難以具體表達的觀念，但藉由在泡泡圖設定 3 個不同的 X、Y、Z 軸，便可清楚界定範疇、定位傾向、特殊性等。

例1　X軸：市占率　Y軸：本期銷售額　Z軸：年營業額

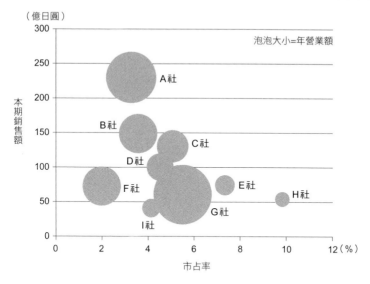

例2　X軸：購買頻率　Y軸：平均單價　Z軸：市占率

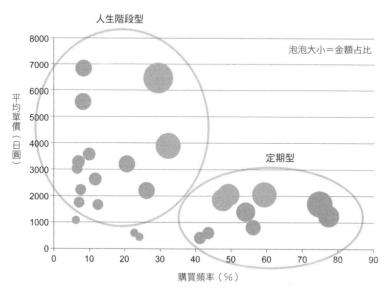

43 雷達圖
將多種項目的評價，化為視覺圖表

比較 3 個以上的項目，或是想觀察整體平均表現時，雷達圖是非常優異的圖表。評比項目與數據，應涵蓋預期評比內容的所有考量因素，有助於進行效益分析，凸顯企畫特色。

因外觀之故，雷達圖又稱為蜘蛛圖（spider chart）、蜘蛛網圖（web chart）或星狀圖（star chart）。起點在圖表中心，終點是外圈，沿著各軸畫下各項目的數值。畫好數據後，可以直線連接相鄰的數據，或在連線圍起的範圍內塗上顏色。條狀圖也可做出類似的效果，但雷達圖可以讓人一次比較更多項目，也更方便看出整體平均表現，適合用來比較高低優劣。

雷達圖大多用來比較成績或功能，也很適合用來和平均值做比較。據說大多數人都認為圓形代表圓滿，如有凹下的部分，就會想辦法補起，盡量恢復成圓形。換句話說，若用來評估能力或比較功能，凹下的項目可以有效讓人感受到缺陷的存在。

舉例來說，想要提案自家公司產品與競品的比較、兩家公司的能力評比等，從某方面來說，項目和標準值可任意決定，方便凸顯自家公司的強項。這種圖表的視覺效果與影響極佳，有助於擺脫長篇大論的說明。若有 3 個以上的雷達圖，且有許多部分重疊時，可將所有圖表橫排以幫助比較。

雷達圖的製作方法

1	選定 3 個以上想比較的項目

2	統一比較項目的數值單位

以 5 科考試的成績評比為例，國語、數學、英文的滿分是 200 分，自然、社會的滿分是 100 分，可調整如下：
　　調整例子 A：自然、社會的分數乘以 2 倍
　　調整例子 B：各科目以標準差表示

3	刻意將比較項目並排呈現，製成圖表

將文科、理科的學科分成左右兩邊，讓人一眼就能看出哪邊比較強

圖例：比較兩者的能力

A 有自信、有實力，但不擅長與他人合作。B 則容易受人影響，缺乏執行能力。

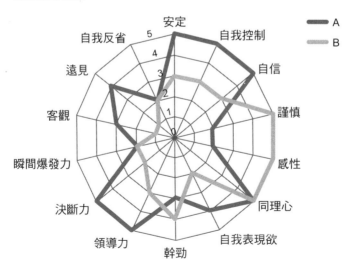

44 扇形圖
顯示從某個時間點開始的變化

扇形圖是以某個時間點的數據為標準值，再用之後的變動、相對於標準值的比率，來做出線形圖。

扇形圖可以**顯示多個數值的變動情形**。以某一時間點的數據為標準值，用之後的變動相對於標準值的比率（＝指數），以線形圖呈現。

在右圖標準值的時間點上，所有數據都是同一個標準值 100；之後的數值是該數據相對於標準值所呈現的變化比率。可用來比較初期數值各異的多個數據系統的增減程度。增加者往右上，減少者往右下，這樣的線形圖宛如橫向打開的扇子（fan）一般，因此被稱為扇形圖（fan chart）。

舉例來說，想比較多項產品中何者銷路最好，各產品都有價差和市場規模的差異，單純從實際銷售數字無法看出上升率。因此以某一年為起點，各產品在該年度的銷售金額視為 100%，次年起換算成上升或下降的指數，製作成線形圖，也就是指數圖。如此一來，可避免因比較銷售金額大小而導致某些產品遭到埋沒。

扇形圖中，當作標準的時間點務必慎重選擇。若以銷售低迷期為標準值，上升或下降的幅度都會過大。若以賣得好的時期為標準值，上升或下降就會比實際狀態小，兩者皆失準，不可不慎。

扇形圖的製作方式

1 準備不同時間點的數據

2 最初的時間點 2013 年當作 100（標準值），列出算式

品名	2013	2014	2015	2013	2014	2015
A	1028	1090	1140	=B2/$B2		
B	309	410	531			
C	840	798	679			

3 數據套入算式，算出相對於標準值的指數

品名	2013	2014	2015	指數		
				2013	2014	2015
A	1028	1090	1140	100%	106%	117%
B	309	410	531	100%	133%	172%
C	840	798	679	100%	95%	81%

4 選擇項目與指數，製成線形圖

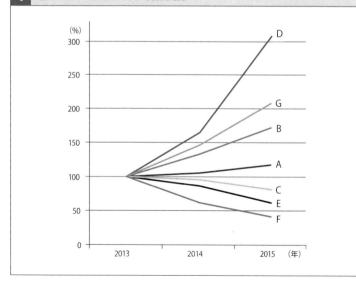

45 Z圖
上升或下降，一看便知

Z圖可以讓人一眼就明白「業績是上升還是下降」，即使加上季節等其他變數影響，也能據此判讀上升或下降的傾向。

    Z圖是一種可看出事物變遷的線形圖，在一張圖中包含了**數值演變（每月營收）、累計數值（累計營收）、數值移動（近一年累計營收）等3種線形圖**。每月營收和累計營收從左下開始，累計營收和移動合計接續往右上形成「Z字形」，因而稱為Z圖。

    以右頁為例，A是每月營收，B是以一月為起點開始累計，C則表示自過去某月分起、一年內的累計營收（=「移動合計」）。假設今年一月的移動合計是從前年二月到今年一月為止，今年二月的移動合計就是從前年三月到今年二月為止的總營收。

    這種合計若是朝右上方上升，代表營收和前年相比後是「增加」。若顯示為水平，代表營收和前年差不多，處於停滯狀態。至於朝右下方下降的話，營收有較前年減少的傾向。

    比較右頁的兩個圖，圖例1的C從中段開始往右下方下降，可以看出下半年的營收比上半年低。在圖例2中，C朝右上方上升，可看出業績好轉。

    光看上下圖的每月營收變化（A），無法看出有何差異，必須**合併參考移動合計和累計數字，才能同時掌握上下變動和其傾向**。

例 1

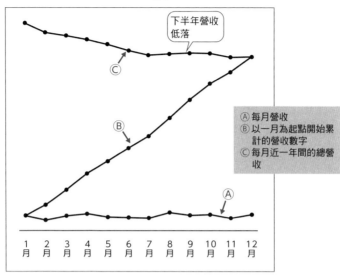

下半年營收
低落

Ⓐ 每月營收
Ⓑ 以一月為起點開始累
計的營收數字
Ⓒ 每月近一年間的總營
收

例 2

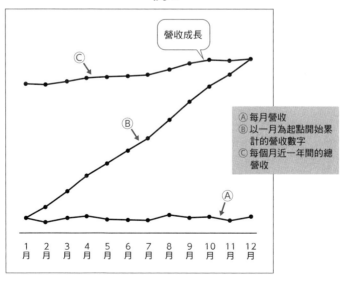

營收成長

Ⓐ 每月營收
Ⓑ 以一月為起點開始累
計的營收數字
Ⓒ 每個月近一年間的總
營收

COFFEE BREAK

資料界也有時尚 TPO 原則？！

　　時尚 TPO 原則時有所聞，但製作商業資料時，若也能注意到 TPO，訊息的傳達會更為精準有效。時尚 TPO 的 T 是「Time」（時間），資料界的 T 則是指「Target」（對象）。資料的呈現，如果沒有鎖定對象的需求，站在對方角度思考，盡心盡力創造出來的訊息和故事，最終仍無法順利傳達出去。因此，符合 Target 需求乃是首要之務。順應對方的立場、忙碌程度、知識水準來改變表現方式，都是理所當然的，只要這樣想就不會出錯。尤其是對於忙碌的人，在文件中設定「標題」和「目次」，有助於讓對方光看這兩部分，就能猜想整體內容。

　　P 是 Place（地點），請注意文件用在什麼地方。是給公司外部的正式文件，還是公司內部檢討用的會議紀錄？即使內容相同，依地點不同，資料和電子郵件的表現方式也有所不同。相較於資料，電子郵件的彈性較大，可用來補充資料中無法呈現的細微與微妙之處，因應不同地點，改變資訊或表現方式。

　　最後是 Occasion（場合），在「說服」、「委託」、「報告」等不同情境之下，想讓對方產生何種感受與心情，如下所示：

・說服：有沒有讓對象心生防衛？

・報告：有沒有讓對象感到安心？

・委託：對方的心情是否跟你一樣愉悅？

這就是商業資料的 TPO 原則，請務必謹記在心。

06

圖解溝通的
技巧

本章關鍵重點 CHECK-UP!

- 按照圖解 4 步驟，斷捨離並擷取關鍵精華，有效提升圖像溝通力！

- 了解圖表的 3 大「相互關係」，配對並結合不同關係圖，再複雜的概念與訊息都能變成淺顯易懂的圖解說明

- 3 條圖解鐵律╳ 3個 Before & After 範例，徹底消滅「重複」與斷開「重疊」，從此揮別爛圖表

46 圖解的基本步驟
圖表，定義各種因素的關係

商業文件中的圖表，必須有系統地整理資訊，使各種要素具體可見，利用版面配置、線條、箭頭等，來呈現要素之間的關係。

　　「圖表」，用來將各種表現要素具體成形，並呈現箇中關係。「表現要素」並非隨口說說，而是經過思考並掌握所需水準、性質後擷取出來的關鍵精華。此外，內含表現要素的幾何「圖形」，並不能單憑個人喜好，應是確實了解圖形特性後所做的選擇。透過排放圖形的位置或連接方式，釐清各要素之間的邏輯關係，而非憑感覺。常有人這麼說：「我不會畫畫，所以不會做圖表。」但製作圖表需要的並不是繪畫天分或藝術品味，而是你是否有思考力。

　　Step 1 是系統化整理，即**有系統地整理、分類表現對象的資訊或訊息**。運用金字塔結構法或邏輯樹狀圖，整合成一個完整體系。

　　在 Step 2 擷取表現要素時，**根據整理好的資訊來選定關鍵字**。不要寫成文章，列出條目或關鍵字就好。

　　在 Step 3 設定關係時，**思考要用什麼圖形、如何排列，以呈現各要素的關係**。為達此目的，必須從圖形特徵和相互關係中選擇。下節將會詳細介紹圖形和關係的呈現方式。

　　Step 4 是加工與強調，即加強增色階段。請勿太過依賴顏色，也不要使用多餘的圖形，以免干擾閱讀。

圖解 4 步驟

Step 1 系統化整理

有系統地整理、分類與排列
訊息或資訊

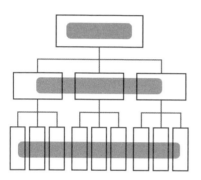

Step 2 擷取表現要素

從整理好的資訊中擷取關鍵
字,作為表現要素

Step 3 設定關係

設定關鍵字之間的關係

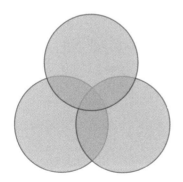

Step 4 製作完成

加上圖形或箭號,表示強調

47 圖形應符合形象
徹底了解圖形的特徵和意義後，再思考用途

繪製圖表或選擇圖形時，要先理解特徵和意義，才能知道怎麼用。除了圖形外，表示關係和順序的箭號種類繁多，各有特色。

　　上節 Step 2 提到應思考以何種圖形呈現表現要素，因此必須先清楚圖形特徵和相互關係。決定使用哪一種圖形，並不是憑感覺，而是應參考右頁，**選擇圖形特徵符合表現要素者**。例如「公司」是實際存在的組織，也是非常具體的概念，就以長方形表示。「概念」等較抽象的想法，或是「顧客」、「市場」等概念性集合名詞，則會捨長方形而選用橢圓形。三角形則適合用於表示上下關係或階級結構（hierarchy）。

　　同樣的，要表示「顧客」時，若只是表示該一集合名詞的概念，可使用單純的橢圓形；至於具有會員身分的顧客，就可用圓柱形並標示「基本客層」（customer base），更具代表意義。若會員有分 VIP、VVIP 等級的話，選用三角形較為合適。綜上所述，即使是同一個關鍵字，也會因應想要呈現的形象，來選擇最適當的圖形。

　　箭號或線條，各有特色。箭號要依變化大小選擇，線條則用以連結各個圖形，表示關係和概念上的連結。若以實線連接，表示長期持續的關係；若以虛線連接，就是暫時性關係。如用「點線」圈起多個圖形，就能表現範圍或集合關係。

圖形的特色與意義

長方形
・具體概念
・實體集合

橢圓形
・較不具體的概念
・非實體集合

星形
・象徵
・重要概念

三角形
・上下關係
・階級結構

圓柱形
・基礎
・資料庫

爆炸形
・引起注意
・警告

方形箭號
・步驟

紙
・資料、筆記

表單
・資料、表單

箭號、線條的特色

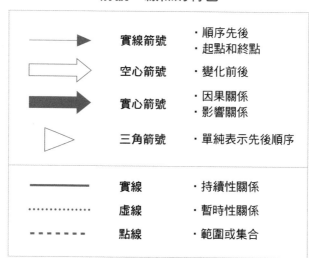

實線箭號	・順序先後 ・起點和終點
空心箭號	・變化前後
實心箭號	・因果關係 ・影響關係
三角箭號	・單純表示先後順序
實線	・持續性關係
虛線	・暫時性關係
點線	・範圍或集合

48 各種關係圖
展現表現要素之間的關係

選好圖形，準備開始設定版面時，了解因果關係的變化，有助於製作簡明易懂的圖表。就算是複雜的資訊，也可藉由多種「組合」圖解表現。

再怎麼複雜的圖表，都做得出來，只要將各要素化為圓形、四角形之類的圖形，做出連結，妥善配置即可。這麼一來，就能看出要素集中的狀態及整體變化。以圖表來說，「如何連結與配置」尤其重要。**與其從零開始想，不如掌握各種相互關係，更能迅速確實做出圖表。**

相互關係可分成 3 種：顯示關聯或影響的**相關**、顯示流程或順序的**演變**、顯示上下、平行關係的**結構**。

集合也可表示相關，透過重疊或分離各要素並以線條連接，顯示各要素的狀態，經常用來呈現某種概念。**因果**是以箭號連接四方形，透過順接或逆接來顯示因果關係。邏輯樹狀圖或金字塔結構圖也能表現出合理的因果關係。**位置**是設好縱軸與橫軸，透過圖形的位置，來呈現其狀態，又稱為矩陣。**發展**則是呈現發展情形。**程序**是呈現按照順序進行的狀態。**循環**雖然和程序很接近，但呈現的是回到原點的循環。**階級**除了以線條連接四角形，呈現上下關係之外，也可將三角形橫向切割來呈現。

相關——顯示關係或影響　演變——顯示流程或順序

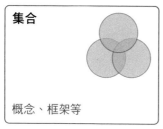

集合

概念、框架等

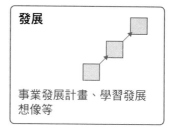

發展

事業發展計畫、學習發展想像等

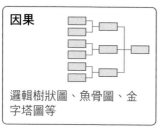

因果

邏輯樹狀圖、魚骨圖、金字塔圖等

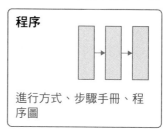

程序

進行方式、步驟手冊、程序圖

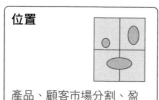

位置

產品、顧客市場分割、盈利矩陣等

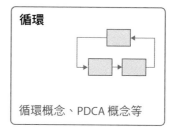

循環

循環概念、PDCA 概念等

結構——顯示上下與平行關係

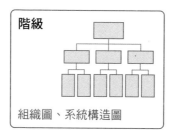

階級

組織圖、系統構造圖

49 集合關係圖
顯現要素的狀態

集合關係適合呈現概念的狀態。透過設計與配置，進而衍生出並列關係、包含關係、重複關係等變化。

集合關係適合用來將難以明確畫線的概念，化為簡單的資訊圖表。**透過圖形的排列，呈現並列關係；將圖形放在另一圖形中，呈現包含關係；將圖形重疊處理，呈現重複關係。**藉由圖形的搭配組合，足以展現各式各樣的關係。

・並列

呈現獨立要素之間的關係。除了對等關係，也可做成放射狀，呈現影響。圖形的組合或分割都可表達並列關係。

・包含

透過圖形表現出一個大元素內含許多小元素。重複只是部分重疊，但包含是指全部包括在內。

・重複

利用圓形重疊相交的部分，表現（部分）集合關係，稱為「文氏圖」，適合呈現 2～3 個要素的關係。可透過重疊部分的大小，詮釋箇中意義與邏輯，如右頁下圖加大 Can、Will、Must 3 項重疊的地方，凸顯製圖者想傳達的訊息——「應充實工作」。

若是更複雜的集合關係，可考慮結合並列、包含、重複來加以呈現。

並列

包含

重複

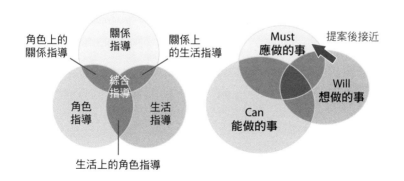

50 因果關係圖
表示各要素順接或逆接的關係

「因果」是事物的原因和結果。在呈現因果關係的圖表中，用線條或箭號連接各要素，表現順接或逆接、原因等邏輯關係。

如何化難為易、化繁為簡是非常重要的商業技能。尤其是在解決問題、提案等方面，根本原因為何、有何解決方案等，你都應該有製成好圖表的能力。

因果關係的圖表中，以線條、箭號連接標明要素的方形圖框，不斷連接、發散延伸，藉以呈現各種現象的邏輯關係。

常用的邏輯思考工具「邏輯樹狀圖」，可分為 2 種：針對問題不斷問「為什麼」的「Why Tree」，以及反覆問「怎麼做」以找出解決方案的「How Tree」。因形似樹枝而名為「樹狀圖」。

還有一種魚骨圖（特性要因圖），針對某問題影響的要因，系統化整理。將想分析要因的部分，放在中央線（脊骨）下方，分析的視角當成魚的大骨，各種要因則寫在小骨上。

因果關係的圖表關鍵在於分岔的方式，不可想分就分，應該利用 MECE 分析法（Mutually Exclusive and Collectively Exhaustive），也就是能針對議題，做到不重疊、不遺漏的分門別類，有效把握問題核心，解決問題。

邏輯樹狀圖──發散技法

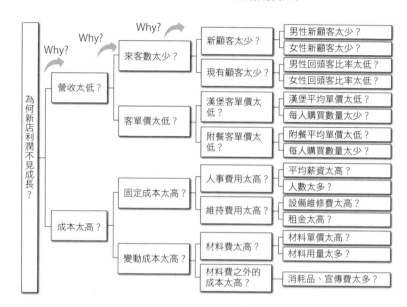

魚骨圖──收斂技法

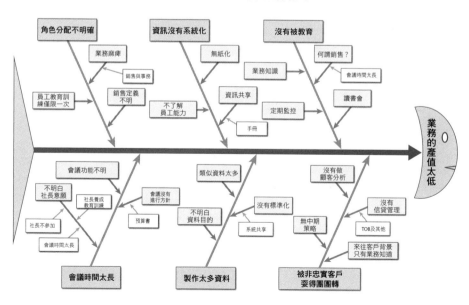

51 位置關係圖
設定座標軸，繪製有效圖表

表示位置關係的圖表，稱為矩陣。兩個座標軸交會形成象限，在象限中標出表現要素，呈現特徵。

　　製作表示位置關係的圖表時，先設定兩個主軸，各軸再劃分為 2～3 個項目，即可形成 4～9 個象限。在象限內放置圖形或資訊，就能呈現出位置之間的關係，又名矩陣。若是以圓圈表示數值大小，就叫做「泡泡圖」（→116 頁）。

　　類似「安索夫矩陣」（Ansoff Matrix）、「PPM」（Product Portfolio Management，產品責任管理）的矩陣，用以闡明事業狀況以便判斷是要投資或撤資，已有固定模組可循。

　　此外，以緊急程度和重要程度為兩軸的時間管理矩陣，設定費用、時間、工時等難易程度與效果的「支付矩陣」（Payoff Matrix），以及設定風險發生機率和衝擊大小的「風險評估矩陣」等，有助於決定採取行動的優先順序。

　　其他如自家公司的顧客、產品、市場等市場區隔或定位，也適用於行銷活動。而在此情況下，主軸的設定必須從自家公司的角度出發，展現特點或提出建言。

　　認識各種矩陣，了解該怎麼設定主軸後，就能配合各種主題，做出原創矩陣了。

安索夫矩陣

	現有產品	新產品
現有市場	市場滲透	開發新產品
新市場	開拓新市場	多角化

PPM 產品責任管理矩陣

市場成長率

高

明星
Star

期待成長

問題兒童
Question Mark

競爭激烈

搖錢樹
Cash Cow

成熟・利潤穩定

敗犬
Dog

停滯・衰退

低

高　　　　　　　低

相對市占率

支付矩陣

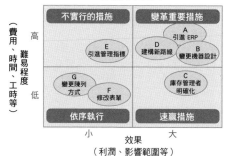

（費用、時間、工時等）

難易程度

高

低

不實行的措施

E
引進管理指標

依序執行

變革重要措施

A
引進 ERP
D
建構新路線
B
變更機器設計

G
變更陳列方式
F
修改表單

C
庫存管理者明確化

速贏措施

小　　　效果　　　大
（利潤、影響範圍等）

風險評估矩陣

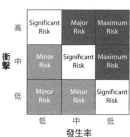

衝擊

高

中

低

Significant Risk	Major Risk	Maximum Risk
Minor Risk	Significant Risk	Maximum Risk
Minor Risk	Minor Risk	Significant Risk

低　　　中　　　低

發生率

52 發展關係圖
呈現成長與發展態勢

發展關係圖適用於事業、策略、計畫的成長或發展。圖形從左下朝右上
延伸配置,具體表現「成長」的主題。

　　往右上方上揚的條狀圖,令人感受到成長和趨勢,圖解若配置
相同的要素,也能做出同樣的效果。

　　如果不習慣圖解,就容易像寫文章或製作表格那樣,大多由上
往下、從左到右配置。

　　視線的自然流動方向是由上往下、從左到右,想要呈現如順
序、日程這類與時間相關的事物,按照次序排列無妨。但若是想要
表現發展或成長,**圖形朝右上方配置**,更能強調正在發展的狀態。

　　如圖例所示,可結合箭號或做成階梯式,直接挑明方向。也可
像右頁下圖搭配圓餅圖,在視覺上清楚顯示如何發展與具體的變
化。

　　了解各種關係圖之後,藉著結合不同的視覺表達方式,便可將
複雜的內容化為簡明圖解說明。即使是乍看極為繁複的圖解示意
圖,若仔細觀察便會發現,其實都是本章介紹過的各種關係圖,互
相組合搭配而延伸出來的變化。因此看到圖解資料時,請仔細觀察
包含了哪些關係圖,進而儲存在自己的資料庫中。一開始時可試著
修改並使用現成的圖,以符合自己的需求。

箭號的組合

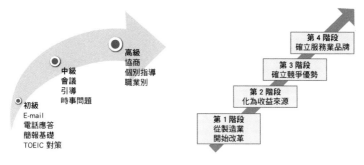

階梯樣式

	第 1 級 自家公司觀點	第 2 級 使用者觀點	第 3 級 成長發展	第 4 級 業界標準
服務	以組織為單位 個別服務	統一平台	優質服務	使用者程序外包
企業	機會損失大	無利益	有利益	投資新商機的 可能性

發展圖結合圓餅圖的例子

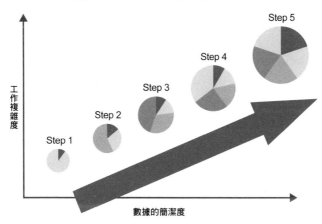

53 程序關係圖
作業或步驟的順序或流程

工作程序，會依作業或動作的規模、期間，而有不同的表現方式。大動作的流程以空心箭號表示，細部動作則用四角形。

　　工作程序指的是作業的順序或流程，隨著作業、動作規模、期間等要素，而有不同的表現方式。雖沒有嚴格規定，在專案管理上，會按照階段（stage）、時期（phase）、任務（task）、活動（activity）的順序，由大到小排列。若是業務程序，則稱為工序（process）、步驟（step）。這些說法依業界、業務、企業、部門而異，並無統一名稱。

　　圖解工作程序時，如果每個階段、時期、步驟的規模較大、期間較長，可使用空心、實心箭號這類令人聯想到大方向的圖形；反之，規模小、時間短的則用四角形。

　　繪製工作程序詳細的業務流程圖時，不論是隨條件分支的圖形，或是代表系統、表單的圖形，只要訂好規則，就能做出簡明易懂的圖。

　　隸屬於工作程序圖的「甘特圖」（即進度表），則是用線條來表示任務。利用視覺效果呈現任務的順序、時機、期間，可有效顯示專案在某段期間進行的任務。**有別於呈現任務因果關係的概念圖，甘特圖將重點放在呈現順序和期間**。請根據想表達的內容，來選擇表現方式。

專題研習圖

時期：實心箭號
任務：四角形

專案進行方式

A. 擬定基本構想	B. 建構程序	C. 展開	D. 運用

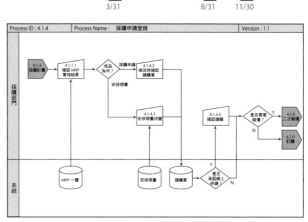

設定目的・目標

分析程序現況 — 定義 To-Be 程序 — To-Be 詳細定義

找出問題 — 擬定解決方案 — 要件基本設計

定義 KPI — 監控設計

系統開發

擬定實行計畫

嘗試改革

發布試用版

開始監控

測定、分析、重新設計 KPI

3/31　　8/31　11/30

業務流程圖

工序：變形四角形

Process ID : 4.1.4	Process Name : 採購申請登錄	Version : 1.1

採購部門

4.1.3 採購計畫 → 4.1.1.1 確認 MRP 實施結果 → 成品為何？ → 採購申請修改與確認請購單 4.1.4.2

安排規畫

4.1.4.3 安排規畫改變

4.1.4.4 確認請購

是否需要提貨？ Y → 4.1.6 二次驗貨　N → 4.1.5 訂貨

系統

MRP 一覽　安排規畫　請購單　是否承認線上申請 Y/N

甘特圖

任務：線條

任務與時程

	A.擬定基本構想		B.建構程序				C.展開			D.運用	
	2	3	4	5	6	7	8	9	10	11	12	1	2
A-1 設定目的・目標													
A-2 分析程序現況													
A-3 找出問題													
A-4 定義 To-Be 程序													
A-5 擬定解決方案													
A-6 定義 KPI													
B-1 To-Be 詳細定義													
B-2 要件基本設計													
B-3 監控設計													
B-4 系統開發													
B-5 擬定實行計畫													
C-1 嘗試改革													
C-2 發布試用版													
C-3 開始監控													
D-1 KPI 測量、分析、重新設計													

54 循環關係圖
無限反覆的流程

這類圖用來表示無止盡循環的作業，積極循環為順時針，消極循環則是逆時針。和程序圖相比，循環圖可傳達出更廣大的「循環格局與概念」。

作業程序圖呈現由左到右流動並結束的關係，**循環則是呈現重新回到開始的反覆關係**，經常被稱為「spiral」（螺旋）或「cycle」（循環）。「PDCA循環」也常用這類圖來表示。

作業程序圖常用四角形或空白箭號等表示具體概念的圖形，然而**循環圖大多用圓形等表示抽象概念的圖形**。這是因為循環並非只是單純的反覆作業，而是用來表示變得更好或更壞的正負螺旋概念。因此，單純且單向的作業程序，以一般流程圖來表現比較好。

複雜的循環圖稱為「多重循環圖」。在大循環的過程中，以圖示表現有進有出、分支或回頭，可用來呈現回收、庫存或退貨。

即使在同一個循環當中，開始位置不一樣的話，循環就有可能變好或變壞，也能透過不同的位置表示差異。循環圖適合呈現持續性的活動架構，可用來呈現服務的概念或競爭對手的本質。

正向循環圖

**順時針方向，
以環狀箭頭表示**

負向循環圖

**逆時針方向，
呈現負面循環**

多重循環圖

**進出或回頭等
複雜循環過程**

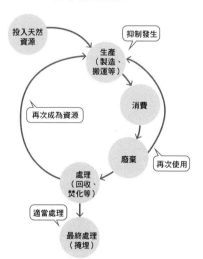

正負循環圖

開始位置不同，意義就會改變
Daniel Kim「成功循環」模型

Good Cycle
① 彼此尊重，一起思考
② 覺得振奮有趣
③ 自己思考，自發行動
④ 可得到成果
⑤ 提高信賴關係

Bad Cycle
① 沒有成果
② 對立、強迫、命令
③ 覺得無趣，被動聆聽
④ 不會自發積極行動
⑤ 關係惡化

55 階層關係圖
呈現組織的上下層級關係

這類圖可以表現出各種上下階層關係，如上下位概念、組織實質的階層架構等，逐層介紹功能與角色。

階級關係有 3 種表現方式，依照想呈現的內容，大致上即決定了圖表種類。

・金字塔型

將三角形水平劃分為好幾層，主要用來表達「概念」。如右頁上圖表示事業策略思考方式的「馬斯洛需求層次理論」，常用來呈現抽象的概念層次。

・組織圖型

四角形以線條連接，呈現比金字塔更具體的集團組織階層架構。線條主要表現主從關係。除了組織圖以外，也能用來分類大範圍的事業架構、產品、服務等。

・分層型

「層」（layer）是指分層堆疊的狀態，意思是層級或階層，將抽象概念化為圖表，按照某種順序堆疊，顯示現象或功能。常用於系統相關方面，如右頁下圖，最底層是基礎網絡平台，往上堆疊以呈現系統全貌。

金字塔型

將三角形水平分成好幾層，
呈現概念性階層構造

Vision 願景

Mission 任務

Strategy 策略

Action Plan 動作計畫

組織圖型

有明確角色或指示命令系統，
呈現具體階級架構，如組織、
團隊的體制圖

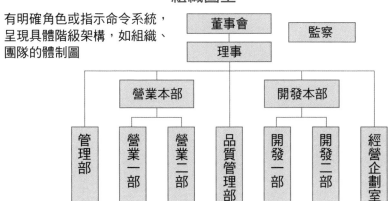

董事會

監察

理事

營業本部

開發本部

管理部

營業一部

營業二部

品質管理部

開發一部

開發二部

經營企劃室

分層型

多個不同角色或功能層層堆
疊的情況

Application 應用

Presentation 報告

Session 日程

Network 網絡

56 善用類比，化繁為簡
善用比喻，把複雜觀念變 EASY

圖解是將各種資訊簡化後，傳達訊息。若是複雜的概念，適合用類比法。透過比喻，有助於傳達整體和細節之間的關係，幫助聯想。

　　資訊的複雜細節，乃至整體協調等複雜概念若以文字解釋，將會變得冗長難懂。這時最好的表現方式便是類比（比喻）。

　　比喻是**利用對方早已知道的概念，即使不說明細節，一樣容易了解**。下面介紹幾種常用範例。

・器具的類比

　　運用代表性物件來表達行動、作為，譬如以天秤表達「平衡」，以樓梯比擬「上升」的動作。

・自然生態的類比

　　許多人都知道何謂大自然，因此可用植物來比喻技能或認知能力。認知能力就像是紮根在土裡吸收養分般的重要元素。又如冰山，常用來表示「眼睛看到的現象只是一小部分，隱而不見的部分才重要」。

・運動的類比

　　運動的規則、動作等知識都廣為人知，適合用來表示人的動作。比起用文字敘述角色或責任，運動類圖像更能有效表達抽象概念。

器具的類比

以天秤表示平衡

以樓梯比喻上升

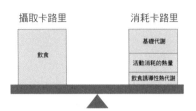

自然生態的類比

以植物為概念，表達技能體系

以冰山表示未知領域的浩瀚

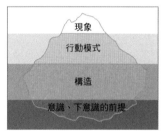

運動的類比

以足球隊比喻組織的角色、關係

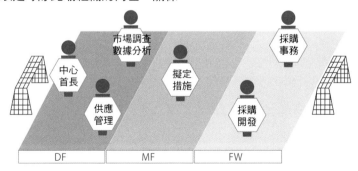

57 圖表的組合
組合多個圖表，表達複雜概念

不論多麼複雜的概念，都能透過同時搭配數種圖表，有效傳達。尤其是位置圖和組織圖，組合不同圖表即能做出清楚好懂的圖解。

　　組合數個圖表，可以呈現複雜的概念或關聯。若只想依賴一種圖表，結果往往又得靠文字來說明資訊，失去圖解的意義。**組合圖表，就能不靠文字呈現出複雜關係。**

　　右頁上圖金字塔旁的圖表橫軸，標出了計畫的每個時期和應該做的事。若只有階級關係圖，就得在各階層旁邊寫下「開始前要進行○○」之類的說明，導致版面繁複又難懂。如圖例在金字塔旁加上位置圖，就能圖解每個層級在不同時期要扮演什麼角色，還可用箭號表示重要角色的職能變化。

　　右頁下圖一樣是階層圖和位置圖的組合。設定橫軸為年代，縱軸代表富裕階級、中產階級、貧困階級，畫上三角形，加上色彩或改變形狀，以箭號強調變化傾向，呈現了各階級在不同年代的特徵。

　　將橫軸設定為時間，容易呈現變化，也便於直接在格子內輸入文字。在此也請先思考可否用圖像來取代文字。

　　建議一開始先不要用電腦，試著在紙上畫畫看。

以位置呈現各階層的重點變化

以時間進程呈現各階層要做的事及重點領域

角色定義的變化

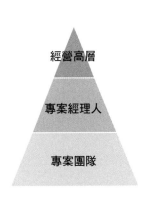

	開始前	計畫	實行	實施後
經營高層	根據資產構成判斷投資效果			效果測定及監控
專案經理人		制訂計畫與資源調度	監控	預算實績管理
專案團隊			執行進度報告	

以位置圖顯示上下階層關係

各階層在不同年代的變化

階層的時代變遷

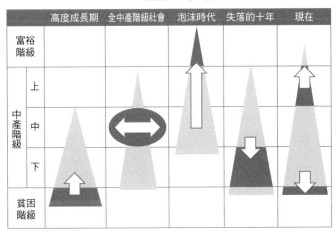

		高度成長期	全中產階級社會	泡沫時代	失落的十年	現在
富裕階級						
中產階級	上					
	中					
	下					
貧困階級						

58 如何改善圖表①消滅「重複」
用因數分解「拆除」重複的語句

句子包含主詞、動詞、受詞，一不小心就會變得冗贅。圖解時應盡量將文字因數分解，做出好懂的視覺化圖表。

　　改善爛圖表的鐵律之一就是「消滅重複」。幾乎所有糟糕圖表都有以下特徵：同一詞彙反覆出現，線條或圖形重複而妨礙閱讀。這裡首先針對文字冗長的圖表，說明如何改善。

　　改善前的圖是以文字敘述「組織權責分配與工作內容」，很難一眼就掌握誰要做什麼。句子是由主詞、動詞、受詞組成，文字量不大時，閱讀理解不成問題，一旦文字量大時就很麻煩。

　　建議用〈26 刪減文字的方法〉（→76 頁）中介紹過的「因數分解」技巧來改善。所謂因數分解，和數學公式「$ab+ac+ad=a(b+c+d)$」意思相同，即取出資料中重複出現的詞彙，當作小標。右頁圖例中重複出現的是「人物」，所以抽出 3 位人物，設成縱軸。這樣一來四角圖形中只要輸入動作，順序用箭號表示，就能以視覺效果有效傳遞訊息。

　　基本上，製作圖解時應避免在圖形中寫句子。**一種圖形表示一種要素，透過版面配置顯示箇中關係，順序則以箭號表示**。只要記住這些，就能做出真正好看又好懂的圖解了。

改善前

用文字敘述「誰負責什麼」

Step 1 申請預算	Step 2 通過預算	Step 3 管理預算
各職員彙整預算，填寫申請表。 部門長官提出優先順序。 部門長官向CFO簡報。	CFO跨部門彙整所有預算，確定並通過。 部門長官確認分配到的預算，有問題的話提出。 CFO重新檢討再次提出的預算，確定最終預算，通知各部門長官。	各職員在使用預算後，向部門長官提出報告。 部門長官彙整預算的使用狀況，每季製作並提出預算實績報告。 CFO確認預算實績，作為下季預算分配參考。

改善後

以縱軸為人物，四角圖框內含動作，箭號表示順序

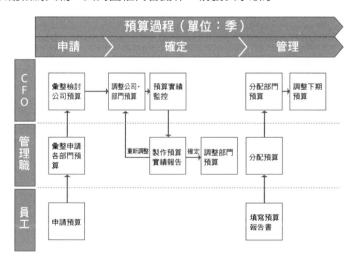

59 如何改善圖表②斷開重複線條
透過版面配置，消滅錯綜複雜的線條

製作圖表時，如果線條太亂而重疊的話，常會導致解讀錯誤。請嘗試各種關係圖，找出最好的表現方式。

　　第二種重複是「線條」的重複。想要呈現兩種要素的關聯時，雖然會馬上想到用線條連接，但如果要素數量越來越多，線條只會越見混亂而難以解讀。右頁改善前的圖例想表示何種邏輯思考工具適用哪一種解決問題的情境，由於工具和情境各有 4 種以上，很難掌握正確的關聯。**用線條表示關係時，請考慮一對一或一對多就好。**

　　想解決線條重疊，其實很簡單，只要改變表現要素的配置即可。工具放在縱軸、運用情境放在橫軸，由於情境和時間有關，因此在橫軸上由左朝右放。透過設置縱軸和橫軸變成位置圖、產生格子，便能呈現相關性。

　　在尋找改善線索時，可參考各種關係圖（→P132）。在本例中，想要呈現的是「哪種情境應該使用哪種工具」。因為有情境，可以考慮「發展圖」或「程序圖」。此外，因為有兩軸，也能選用「位置圖」。沒有發展性的話，就不考慮「發展圖」。若能思考如何用「程序圖」來表現，結果就會跟改善後圖表一樣，成效極佳。

改善前

線條混在一起，難以判讀左右要素的相互關係

邏輯思考工具和運用情境

改善後

縱軸為工具，橫軸為運用情境，以格子顏色表示有無關係

邏輯思考工具和運用情境

	現況分析	擬定理想樣貌	提出解決方案	評估解決方案	擬定實施計畫
MECE					
假設思考					
架構					
邏輯樹狀圖					

60 如何改善圖表③拆解面與面的重疊
面與面萬萬不能重疊

若有 3 個以上的比較項目，容易產生面的重疊。數據多的時候，不要勉強擠在一張圖中，錯開反而更能看清重點。

　　想要比較 3 個項目以上時，容易產生「面」重疊的情況。若只有 2 個項目，設定縱軸、橫軸就能大致呈現；若項目有 3 個以上，就會試著以不同線條或顏色呈現第 3 種要素，使視覺變得複雜。

　　右頁的改善前圖例，顯示 3 種事業在各國的版圖。縱軸設定為國家、橫軸為事業，其中所畫圖形代表拓展範圍；但因有多處重疊，下面的公司到底拓展到哪裡，根本看不出來。若重疊的部分不多，尚可用此樣式；重疊部分多的話，就必須錯開才看得清楚。

　　改善後的圖例，錯開了各公司的圖面。即使同時排列在同一平面上依然清楚明晰，之所以排成立體的斜面，是為了以箭頭串起各圖並強調「4 家公司均未在歐洲展開 III 事業」這個訊息。這是**配合訊息而決定合適的表現方式，並不是為了耍酷或炫技**。

　　由於資料和投影片都屬平面視覺，3 種項目以上就用 3D 立體設計的話，反而不易判讀。因數據多而導致重疊多的時候，可錯開「面」與「面」，凸顯圖形特徵以收改善之效。

改善前

4家公司在各國發展的事業領域重疊,導致企業版圖不明

4家公司都未在歐洲展開 III 事業,
值得檢討是否投入

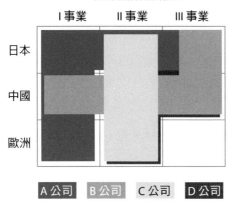

改善後

錯開圖面,明確呈現所有公司的企業版圖

4家公司都未在歐洲展開 III 事業,
值得檢討是否投入。

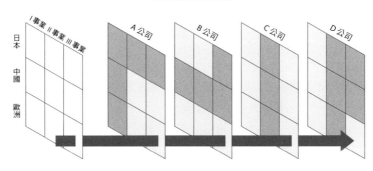

COFFEE BREAK

維持風格一致的祕訣

　　撰寫提案書或企畫書時，常由好幾個人通力完成。如果每個人都以自己習慣的方式製作，最後統整時就必須費上好一番功夫。這時如果有所謂的風格標準指南，即情節設定板（storyboard）和風格指南（style guide），就會很有幫助。

　　著手製作之前，首先要跟所有人共享情節設定板。以手寫、手繪為佳，像是「幻燈片左邊放比較 3 家公司銷售額的條狀圖，右邊放說明圖」等版面設計規定，並決定投影片要放什麼內容。如果籠統寫著「提供銷售數據」，有人會放詳細數據表，有人則只提供年營收，因個人認知不同而產生很大的歧異。讀者們也許會覺得事先擬好規定很麻煩，但做完後再逐一調整反而會浪費更多時間。最好在開始作業之前，先仔細設計好情節設定板，以免出現南轅北轍的結果。

　　情節設定板完成後，即開始製作風格指南並徹底執行。風格指南就是決定版面配置，包括文字區塊大小，大小標、內文、註釋的字形、基本配色等。筆者任職於外商顧問公司時，每年都會拿到新版風格指南，封面會配合最新服務設計新圖像，調整基本色與配色，並選用當年度最新字型等，透過風格指南的標準化，維持企業一貫洗鍊的形象。

07

以視覺效果
強化內容

本章關鍵重點 CHECK-UP!

- 版面配置的基本大原則——從上到下，由左往右
- 透過距離、大小、編號提高可看性，有效吸引目光
- 封面照片，越大越好，滿版最佳
- 一張截圖，勝過千言萬語
- 視覺化圖表的進階技巧——善用「擬真視覺」

61 版面配置的基本原則
大原則是從上到下，由左往右

版面配置，基本上是讓視線朝「上下」或「左右」流動，同一頁面的視線流動必須統一，不可同時出現。分割投影片頁面時，好好思考版面的配置，就能引導觀者將目光移到重要的訊息。

　　版面設計的基本原則之一，是在同一頁中統一視線的流動方向。安排表格、圖片、圖像等各種要素時，如果未經縝密思考，就會導致觀者不知該把視線放在哪裡，即使你自認每一頁投影片都做得很完美，也只是一堆不好閱讀的資料。

　　大致來說，視線是「從上到下」或「由左往右」流動，同一頁中不要同時有兩種方式。如右頁的 NG 例子，上半部是由左往右，下半部則是從上到下，視線必須不停來來回回。其實，下表只要改變文字走向，視線就能統一朝左右流動。

　　此外，**版型一旦確定**，如「左邊圖表、右邊說明」，**每一頁都應遵循相同的規則**。如此一來，別人在翻頁時，才不會有「這個要怎麼看？」的疑問與抱怨。

　　思考在空白投影片上如何配置圖表和說明時，分割頁面、決定重要資訊的位置是有方法的。其一是 3 等分法，**將投影片縱向分成 3 等分，在交叉點（名為 power point）安排想集中視線的內容**。這個方法適用於主打圖像的資料。另外，若是 4 等分法，請注意視線是從左上往右下慢慢流動並掌握資訊，做出 Z 字形流線，將重要資訊放在左上角和右下角。

版面配置的基本原則

從上到下

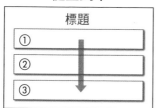

由左往右

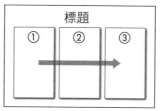

✗ NG 例

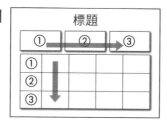

分割投影片，平均分配版面

3 等分法

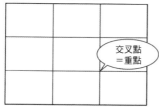

交叉點
＝重點

標題放在在交叉點上

4 等分法

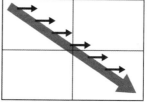

從左上往右下依序配置

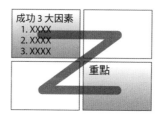

62 提高圖像的可視性
利用距離、大小、編號，讓人一看就明白

投影片、頁面好不好讀，除了大方向的版面配置以外，圖形大小、間隔距離，影響也很大；而且，與其以文字說明先後順序，標上編號反而清楚許多。

　　圖是利用形狀的配置來呈現相關性，哪些圖形關係緊密，可從距離來判斷，圖與圖之間的間隔不該一模一樣，而是應將**相同性質的東西拉近放在一起**，從視覺上就能看出其關聯。同類型的人事物，雖然可用線條框起，或是以同一顏色加以區分，但線條或顏色太多反而會造成閱讀干擾，最好利用圖形和位置的變化，來區分關係緊密與否。

　　圖解時，可用圖形的大小，來表示數量多寡或重要程度。如右頁中圖，只要改變箭號粗細，一看就能馬上掌握數量孰多孰少，而無須比較數字。文字也一樣，如果日期或單位字級較小，就能凸顯數字本身。字級無須統一大小，**為了凸顯重要的文字和數值，可縮小其他部分的字級 50～70%**。

　　即使在距離和大小下工夫，複雜的圖表仍然讓人搞不清楚閱讀順序。製作者當然知道哪裡開始、哪裡結束等先後順序，但未必能清楚傳達給觀者知道。右頁下圖即是**透過編號**，讓三者間的運作過程，變得很好理解。

　　距離、大小、編號看似微小，卻能左右閱讀的難易度。一個簡單設定就能增加可視性，讓我們站在對方的立場來設想吧。

距離：表示關係的遠近

距離一致就
看不出相關性

| A-1 |
| A-2 |
| A-3 |
| B-1 |
| B-2 |
| B-3 |
| C-1 |
| C-2 |

有關係的部分
放在一起

| A-1 |
| A-2 |
| A-3 |

| B-1 |
| B-2 |
| B-3 |

| C-1 |
| C-2 |

加入空白
間距，即有
分類效果

大小：表示數量與重要程度

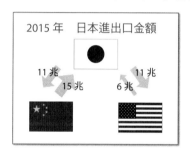

2015 年　日本進出口金額

11 兆　　　11 兆

15 兆　　6 兆

5 月 25 日（五）90%

5 月 **25** 日（五）**90**%

編號：用號碼來誘導視線

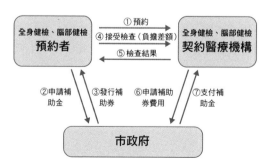

全身健檢、腦部健檢
預約者

① 預約
④ 接受檢查（負擔差額）
⑤ 檢查結果

全身健檢、腦部健檢
契約醫療機構

②申請補
助金　　③發行補
助券　　⑥申請補
助券費用　　⑦支付補
助金

市政府

63 插圖
插圖必須配合調性與用途

在商業文書使用插圖時，必須有明確的意義。不要「隨便」挑張圖就放，請先考慮「調性」，再選用適合的圖。

　　商業文書上的**插圖，要符合資料的調性**。如果胡亂使用不同風格的插圖，就會喪失一致性，影響資料的可信度。

　　許多人常會從檔案內建的美工圖案（clip art）中選圖，請注意，不要隨機挑選，應先設定好篩選條件，等同調性與類型的插圖全都出現後，再開始選擇。背景太過細緻的圖片不選，因為一旦縮小後就很難看得清楚。**盡量選類似象形圖（pictogram）的簡單象徵性圖形**。象形圖是指為了呈現某些資訊的視覺記號，背景和圖形分別是明度不同的兩種顏色，以單純的圖形表達某種概念。1952年，日本為因應 1964 年舉辦的東京奧運，而設計出象形圖，期許讓語言不通的外國人都看得懂。象形圖種類多元，免費與付費使用的都有。

　　即便如此，想選擇調性相同的圖，難度仍然很高，這時可以**藉由相同的色調帶出統一感**。MS Office 軟體功能中的「設定圖片格式」可以讓你「變更色彩」，將選用的插圖、象形圖、照片變成同一色調。一份資料，建議使用一個主題色彩就好。

符合調性

混用風格各異的插圖

統一使用象形圖

統一色調

插圖、象形圖、照片混用時，統一色調即可建立一致性

64 照片
大小和方向可確實傳達意象

照片的資訊，比文字、圖表、圖片更多，也能如實傳達你想表達的意象。藉著調整大小與方向，就能傳達傳達意象。

　　照片可以有效傳達事實或意象，但若沒有處理而直接使用，反而會給人混亂的感覺。事前處理並不難，使用照片前若能加上這道手續，就能營造統一感。

① 大小一致

　　同時使用多張照片時，由於每張照片的長寬比例可能都不一樣，而且若主題圖像很小，距離拉遠就看不清楚，因此需要「裁圖」。在 PowerPoint 中，「圖片格式設定」下有「裁切圖片」的功能，可剪下所需部分，讓主體大小一致。

　　此外照片給人的印象會因大小而有所不同，小照片給人的視覺印象略顯薄弱，因此用在封面的照片，盡量放大，不論照片是直向或橫向，都滿版處理。

② 改變方向

　　有人物的照片，要注意臉孔或視線的方向。人會在無意識中跟隨照片中人物的視線方向，因此人物臉孔如果朝投影片外側，會分散注意力。可透過「影像反轉」功能，讓人臉朝向投影片內側，或是改變訊息或文章的位置。

大小一致

裁切照片，讓主題看起來比較大

照片盡量運用「滿版出血」技巧

改變方向

人物臉孔朝向重要資訊

65 截圖
將「本尊」放進資料中，達到最大的效果

有時比起文章或圖片，不如直接請出「本尊」更有説服力。這裡指的是以「截圖」方式，將書面或螢幕畫面存成影像後，放進所需的資料中，即可展現真實性。

俗話說「百聞不如一見」，與其用冗長的文章表達，不如拿出實際物品，效果更好。「截圖」，就是將電腦螢幕畫面或報章雜誌的頁面存成影像。

假設要引用報章雜誌等紙媒的內容，不要只複製文字資訊，若**能附上報導的截圖更顯真實**。希望人們注意的部分，最好圈起來以吸引視線。報導篇幅的大小，代表世人關心的程度，占的版面越大，更能呈現「可信度」。

此外，如果是權威雜誌或書籍上的內容，**放上雜誌封面、logo 等截圖會更好**。這樣做可以展現「權威」地位。

APP、系統的提案報告或說明資料，放上「螢幕截圖」效果很好。與其花費心力整理並詳細敘述功能，不如思考要擷取哪些畫面，來表現其功能或畫面的轉變，以及實際運用的情況，比較能讓觀者彷彿身歷其境，營造真實感。

話雖如此，如果一次放了太多截圖，也會讓人覺得版面雜亂無章。具代表性的畫面可以放到滿版，其餘裁圖則使用局部就好，如此才有輕重層次之分。在圖表上可用圓圈或箭頭引導視線，做出更簡明易懂又不會造成誤解的資料。

報紙截圖

螢幕畫面截圖

66 擬真視覺效果
將資訊做最妥善恰當的配置

只是有邏輯地整理資訊,還不一定能做出簡明易懂的資料。將經邏輯整理好的資訊,設定好格式並化為圖像,有助於提升。

　　圖表是決定格式後,以邏輯與一定規則去分配資訊的一種表現方式,但合乎邏輯並不等於真實性。假設要看全國的銷售額,比起單純的表格,**在繪有模擬地圖的圖表上一一標出數字**,或許更能看出端倪。例如「以某縣為界線,銷售表現就大不相同」的情況,如果做成表格,可能無法意識到指的是隔壁縣,但做成地圖就一目瞭然。右頁上圖若只是用表格排出售價最高的前 10 名,能觀察探討的重點肯定不會太多。

　　同樣的,各分店的產品銷售額,若能以分店賣場示意圖表示,就能看出箇中差異與巧妙。譬如說,同一項產品只在某分店的銷量特別差,將數據放在賣場示意圖上時,就能同時看見走道寬度、陳列方式等足以影響該產品銷量的資訊。

　　關於擬真視覺效果的例子還有很多,比方說你可以拍下辦公室、工廠或賣場內部,在照片上標出數據或改善策略。此外,想表示物流據點與物流量之間的關係,比起只是一一排出數據,結合「擬真視覺」不但能傳達真實性,也能讓人觀察到更多東西。有邏輯的數據結合擬真視覺效果,可以呈現出複雜的因果關係。

擬真地圖

東京 23 區地價 Top10

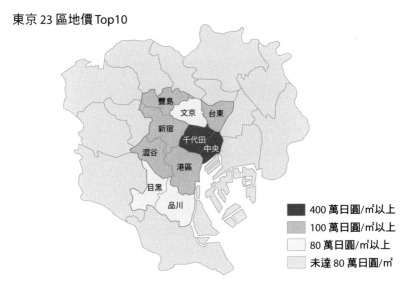

■	400 萬日圓/㎡以上
■	100 萬日圓/㎡以上
□	80 萬日圓/㎡以上
▨	未達 80 萬日圓/㎡

擬真樓層圖

將顧客動線、有無購買視覺化

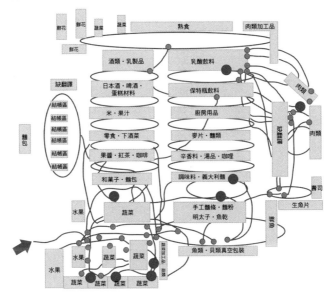

67 強調效果
限於想強調某一部分時使用

引導視線、標示範圍的方式很多，如色彩、框線、大小、記號、動畫等，一次用太多種將會導致難以閱讀，不可不慎。

　　在圖表中標出或強調想引人注意的地方，有下列 5 種方式。不論哪一種，使用時應謹慎節制，以免出現頻率太高招致反效果。

① 色彩
　　想凸顯之處設定為比主題色更顯眼的色調，或加上網底。

② 圈起來
　　用四角形或橢圓形框線，圈起想強調的地方。由於橢圓形、圓角四角形放大或縮小後容易變形而太小不一，請勿同時在不同地方使用。

③ 箭號‧記號
　　箭號、星號之類的記號可以引起注意。不過在表格上使用箭號，有時難以分辨到底是指向哪一個格子或行列。表格較大時，最好再以框線圈起。

④ 放大
　　放大文字或圖形，可吸引視線。請統一大小，不可忽大忽小，喪失了版面的一致性。

⑤ 動畫
　　僅限簡報投影片使用。若是紙本資料，請確認圖形有無重疊。

色彩・欄位的注意事項

分欄太多，不論是數量或種類，都會影響閱讀

✗

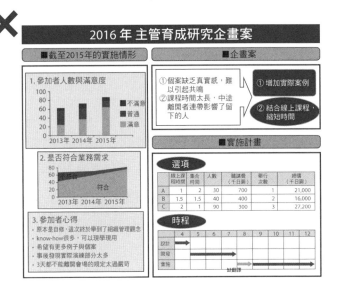

箭號・記號的注意點

不確定箭號指的是 C3，還是
C1~C3

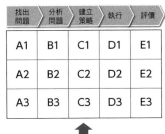

單指 C3 時，必須圈起來或以
不同色彩標示

68 色彩運用①選擇顏色
不要單憑感覺，請照理論走

人們往往會按照個人喜好來選擇顏色，但在商業文書中，必須以「顏色不要太多」為前提，先了解色調後，再來選擇。

　　雖然一般人都以為用色、配色需要 sense，但在商業資料中，請不要依個人喜好來選擇顏色比較好，建議參考右頁的色彩意象表。基本上，①**不用太多顏色**，②**淺色為宜**。

　　選擇顏色時，請使用沒有壓迫感的淺色。若是選用類似螢光色的高彩度色彩，結果會變成色彩凌駕於內容之上。選擇基本色時，要選同一色調的顏色；所謂色調（hue，又稱色相），是指顏色的明度（明亮程度）和彩度（鮮豔程度），如果只有一種顏色色調不同，就會顯得特別突出。

　　以下介紹微軟 Office 的 2 種選色方式，其他軟體也適用。

選色方式①標準色板（Color Palette）

　　將相同明度和彩度的色彩，按照色調依序排列成同心圓，形成「色調環」（hue circle），從中選出 3〜4 色作為基本色。色相環外圍的色彩較顯眼，可選作重點色。想在圖表中表現多種顏色時，可選擇位於同一半徑線上的漸層色。

選色方式②主題色

　　橫向是同一色調的色彩，縱向則是漸層色彩，可從同一色調中選擇基本色。

色彩意象

顏色	正面	負面
紅	熱情、活躍、愛情、領導力	憤怒、危險、興奮
橘	活潑、明亮、親和、健康	廉價、愛出風頭
粉紅	溫柔、柔和、女性	幼稚、撒嬌
黃	希望、未來、幸福、明亮	幼稚、不成熟、警戒、注意
咖啡	安定、放鬆、自然、穩重	單調、俗氣
綠	自然、安靜、環保、和平	鄉巴佬、不成熟
藍	知性、誠實、男性的、爽朗、信任、成功	冷淡、憂鬱、保守
紫	高級、神祕、傳統、美學意識	不安、個人主義
白	清潔、簡單、純粹、清廉潔白	失敗、缺失、淡薄
灰	沉穩、安定、洗鍊	單調、不顯眼
黑	厚重、有型、有格調、都會	黑暗、恐怖、邪惡、不吉利

標準色板

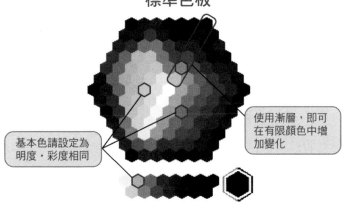

使用漸層，即可在有限顏色中增加變化

基本色請設定為明度・彩度相同

主題色

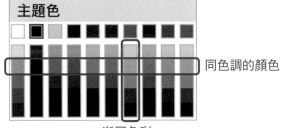

主題色

同色調的顏色

漸層色彩

69 色彩運用②無彩色系
只用黑白，也能有洗鍊表現

大多數人認為黑、白、灰等「無彩色」很不明顯，殊不知只要調整明度，做出漸層，反而能有洗鍊的表現。

　　所謂彩度是指色彩的鮮豔程度，鮮豔程度最低的色彩包括黑、白、灰，這些顏色被稱為「無彩色」（achromatic color）。

　　表格格線或刻度線等**不希望太顯眼的地方，可以將線條設定為灰色，而非黑色**，不但容易辨認，也能給人洗鍊感。若能好好運用無彩色，即使不用多種顏色，也能千變萬化。

　　以下介紹 3 個實用技巧：

1　用明度做出對比

　　使用無彩色時，要留心明度（明亮程度）。如右頁上圖所示，即使同樣是明度 40%的灰色，也會因背景顏色的明度不同而或濃或淡。對比太強，眼睛會疲勞；太弱的話，則無法讓人留下印象。

2　以漸層表現

　　漸層是改變同一個顏色的明度，不必使用多種顏色，就能有多樣表現的技巧。無彩色也可藉由改變明度，讓表現方式更為豐富。

3　以單一重點色吸引視線

　　只在希望觀者注意的地方標色，其他地方全設定為黑灰色系，稱為「gray out」。換言之，只有某單一圖形是彩色系，其餘圖形或文字都設成灰色。

以明度做出對比

以漸層表現

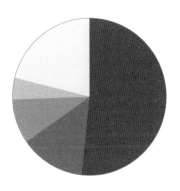

以單一重點色吸引視線

| 現狀
分析 | 擬定
理想樣貌 | 提出
解決方案 | 評估
解決方案 | 擬定
實行計畫 |

IBM 首席顧問最受歡迎的圖表簡報術（修訂版）

69 招視覺化溝通技巧，提案、企畫、簡報一次過關！

ビジュアル資料作成ハンドブック

作者	清水久三子
譯者	黃友玫
商周集團榮譽發行人	金惟純
商周集團執行長	郭奕伶
視覺顧問	陳栩椿
商業周刊出版部	
總編輯	余幸娟
責任編輯	林昀彤、涂逸凡
封面設計	走路花工作室
內文排版	点泛視覺設計工作室
出版發行	城邦文化事業股份有限公司 - 商業周刊
地址	104 台北市中山區民生東路二段 141 號 4 樓
傳真服務	（02）2503-6989
劃撥帳號	50003033
戶名	英屬蓋曼群島商家庭傳媒股份有限公司城邦分公司
網站	www.businessweekly.com.tw
製版印刷	中原造像股份有限公司
總經銷	聯合發行股份有限公司 電話：（02）2917-8022
修訂版 1 刷	2021 年（民 110 年）05 月
定價	320 元
ISBN	978-986-5519-41-4（平裝）

VISUAL SHIRYOU SAKUSEI HANDBOOK by KUMIKO SHIMIZU
Copyright © Kumiko Shimizu, 2016
Traditional Chinese translation copyright © 2021 by Business Weekly, a division of Cite
Publishing Ltd.
Originally published in Japan in 2016 by Nikkei Publishing Inc. (renamed Nikkei Business
Publications, Inc. from April 1, 2020)
All rights reserved.
No part of this book may be reproduced in any form without the written permission of
the publisher.
Traditional Chinese translation rights arranged with Nikkei Publishing Inc., Tokyo
through AMANN CO., LTD., Taipei

國家圖書館出版品預行編目資料

IBM 首席顧問最受歡迎的圖表簡報術：69 招視覺化溝通技巧，提案、企畫、簡報一次過關 !/ 清水久三子著；黃友玫譯 . – 修訂一版 . -- 臺北市：城邦文化事業股份有限公司商業周刊 , 民 110.05
　　面；　公分
譯自：ビジュアル資料作成ハンドブック
ISBN 978-986-5519-41-4(平裝)

1. 簡報 2. 圖表 3. 視覺設計
494.6　　　　　　　　　　　　　　　　　110004560

藍學堂

學習・奇趣・輕鬆讀